過去 現在 未来がわかる

Understand the past, present, and future

ビジネス教養として知っておくべき

半導体

スト 大幸秀成 監修

大内孝子 大和哲 著

ソシム

はじめに

半導体デバイスが発明されて80年ほどが経ち、今やすべての電子・電気機器に搭載されています。またその大きさは、ごま粒から切手サイズほどでありながら、小さな頭脳と呼べる半導体デバイスの進化はとどまることがありません。

コンピューティングとはコンピュータによって計算や情報処理などを行うことをいいますが、半導体デバイスの大規模集積化により、コンピューティングサービスを手のひらの上で提供できるようになりました。結果、端末はインターネットを介してデータセンターに接続され、世界中でクラウドサービスを受けられるようになっています。また、コンピュータの定義も大規模集積化によって変化し、今やスマートフォンやスマートウォッチに組み込まれたコンピュータが、そのとき、その場でしたいことをアシストし、さらにはAIサービスをも享受できる時代となったのです。

他方、半導体デバイスの付加価値に目を向けると、機能の集積化、ダウンサイジング、ローパワー化、低コスト化、品質・信頼性の向上などを実現しながら進化を遂げています。演算用のシステムLSI（SoC）、データを記憶するメモリ、映像や音声などのデータを集めてデジタル化するセンサー、モーターやバッテリーの駆動や充放電制御を行うパワー半導体、光を扱うオプト半導体、保護・整流・フィルター・増幅に用いる汎用ディスクリート半導体など、種類も多岐にわたります。

昨今の半導体といえば、演算用大規模集積回路にまつわる話題が飛び交い、同時に微細化やムーアの法則などもこの分野に入ります。

一方、メモリはそれらの路線から脱却します。微細化がスローダウンし、高層3次元化へと向かい、記憶セルの立体超高密度化・大容量化が進められています。そしてパワー半導体については、微細化よりもオフ時の高耐圧・高絶縁性と、オン時の超低抵抗性、高速応答性が重視され、SiCやGaNといった新素材半導体がトレンドになっています。

さらに、無線通信用の発信・受信デバイス、アナログ・デジタル変換、照明やディスプレイ用のLED、産業用レーザ、カメラ用のCMOSイメージセンサー、さまざなMEMS、太陽光発電パネルなど、半導体の進化の事例は枚挙に暇がありません。

次に半導体産業を見てみると、「モノ作り」だけでなく「モノ遣い」が大事になっていることがわかります。近年では半導体デバイスの種類を問わず、組込みソフトウェアの活用や、ユーザー支援ツールの導入、クラウドサービスとの連携などにより、アジャイル開発や、失敗を軽減するエコな開発が可能となり、その重要性が浮かび上がっています。使用数は少なくても、社会インフラの安全、安心、快適、効率を向上させる役割を担い、「街→家庭→個人」で扱う電子機器の小型化、低電力化、高品質化、そして低コスト化の実現には、半導体デバイスの進化が欠かせません。

本書では、そんな半導体デバイスや半導体業界の基礎について、入門者でも短時間でスムーズに理解できるよう、設計や製造、用途などに加え、未来の可能性についてもやさしく解説しました。また、半導体に興味のある方やリスキリングをしたい方、業界について興味がある方々にも喜んでいただける内容になるよう努めています。

本書を通じて演算、記憶、スイッチ、増幅、センシングといった半導体デバイスの提供する機能や特徴を理解し、半導体への理解を深めるきっかけになれば幸甚です。

ぜひ本書を、半導体に関する正しい知識を身につける入門書としてご活用いただき、皆様の今後の活躍のステップとしていただけることを願って止みません。

半導体エバンジェリスト
大幸秀成

プロローグ①

どのようなものを半導体と呼ぶの？

半導体とは電気を通したり通さなかったりする物質のことをいいます。そして、この半導体を用いてつくられた電子部品が半導体デバイスです。

半導体デバイスとは？

半導体デバイスにはさまざまな種類があり、私たちが普段使用している電化製品などに用いられています。多くの種類がありますが、それぞれの役割により、ある程度分類ができます。現在、「半導体」といえば「半導体デバイス」を指すことが多く、本書でも基本的には半導体デバイスを半導体と表記しています。

ディスクリート半導体	光半導体	センサー／アクチュエータ	IC（集積回路）
●ダイオード ●トランジスタ	●発光デバイス（LED、レーザダイオード） ●受光デバイス ●光複合デバイス	●温度センサー ●圧力センサー ●加速度センサー ●磁気センサー ●アクチュエーター	●モノリシックIC ●ハイブリッドC

ディスクリート半導体

ディスクリート半導体とは、単独の機能を持つ半導体デバイスです。単独の機能なので使用する目的も1つです。代表的なものにはダイオードやトランジスタがあります。

ダイオード

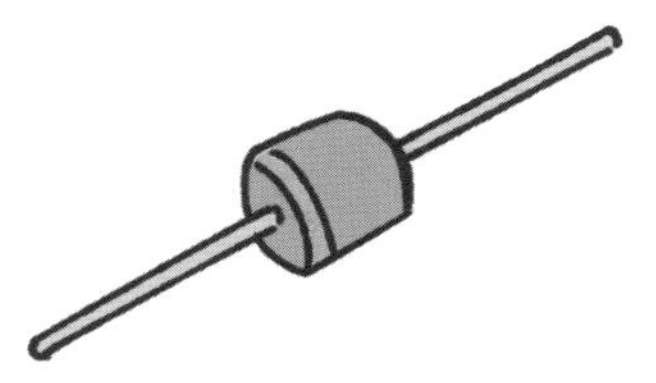

電気を一方向に流すことのできる半導体デバイス。さまざま種類があり、たとえば「整流ダイオード」では、電源ケーブルが必要な電子機器に使われており、電気の交流を直流に変えることができる。➡詳細はP.60-61

トランジスタ

電気の流れを増幅させたり、スイッチさせたりする半導体デバイス。さまざまな種類があり、たとえばオーディオのアンプや電気信号の導通／絶縁制御などに使われる。➡詳細はP.60-61

光半導体

光半導体は光を扱う半導体のことで、光を電気に変換、または電気を光に変換します。照明などに使われ、光を発するものは、その働きが実際に目に見えるという特徴があります。

LED

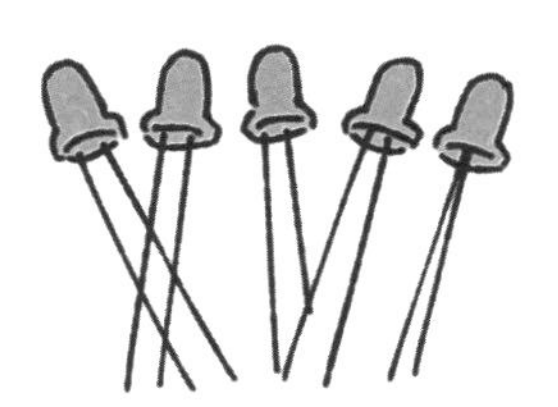

電流を流すと光を発するダイオードのこと。半導体材料の違いにより、さまざまな波長の光を発光できる。照明やテレビのディスプレイなどに使われる。

レーザダイオード

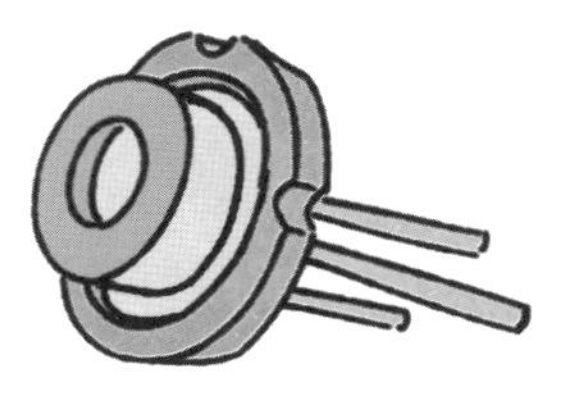

同じ波長の光を放射できるのがレーザダイオードである。LEDが照明用なのに対し、レーザダイオードはプリンタやバーコードの読み取りの光源などに使われる。

センサー／アクチュエーター

センサーとは、対象物を検知したり計測したりするのに用いられる半導体デバイスです。アクチュエーターとは、電気エネルギーを運動エネルギーに変換するのに用いられる半導体デバイスです。

アクチュエーター

エネルギー変換のできる半導体デバイス。ロボットやカメラのほか、半導体製造装置といった機械にも用いる。

IC（集積回路）

IC（集積回路）とは、シリコンウェハといわれる基板の上に、トランジスタなどを多数組み合わせて集積させた半導体デバイスです。電化製品のさまざまな機能の実現にはこのICが欠かせません。

大規模集積回路（LSI）

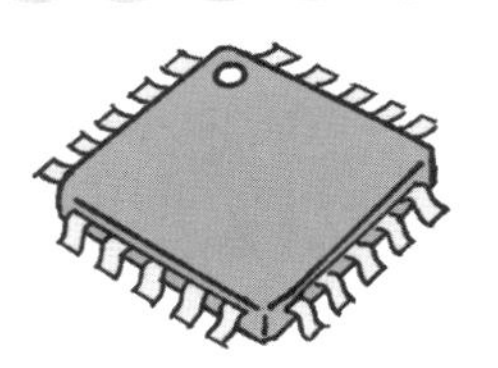

ICのうち、集積度が高いものは大規模集積回路（LSI）と呼ばれ、スマートフォンやパソコンなどに欠かせない存在。➡ 詳細はP.54

代表的な半導体デバイスの名称と特徴はわかりましたか？

プロローグ②

半導体デバイスはどのように使われている？

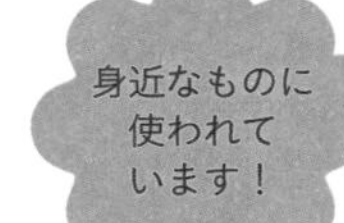

**私たちが普段使っている家電や自動車などには
さまざまな半導体デバイスが使われており、重要な役割を果たしています。**

パソコンと半導体

パソコンはデータ処理や数値計算などを行っていますが、そうした機能は半導体デバイスによって実現されています。

自動車と半導体

自動車が走ったり止まったりできるのも半導体デバイスのおかげです。自動車に使われるデバイスは車載半導体と呼ばれます。

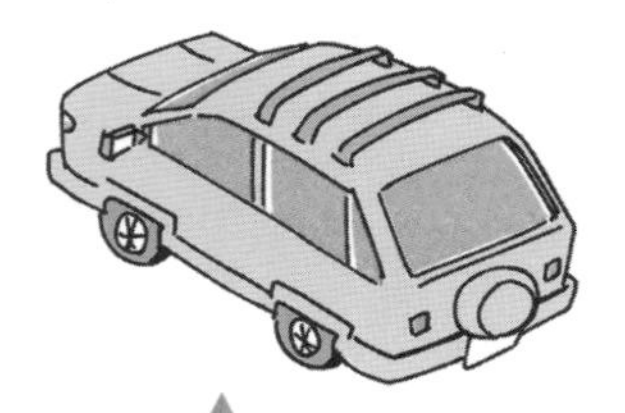

冷蔵庫と半導体

冷蔵庫で大事なことといえば温度管理ですが、これはマイコンという大規模集積回路が行っています。ちなみにマイコンは、電化製品の中の司令塔的存在です。

プロローグ③

技術革新のカギを握る 半導体デバイス

テクノロジーは近年、めざましく進歩していますが、この進歩のカギを握るのが半導体デバイスなのです。

半導体デバイスは技術革新に必須

電化製品には必ず半導体デバイスが使われており、電化製品の機能は半導体デバイスに左右されます。たとえばパソコンは、一昔前に比べて高性能・大容量化されていますが、これはIC（集積回路）の発展によるものです。つまり半導体の性能が上がることで、製品自体の性能も上がるというわけです。半導体の高性能化がもたらすものを2つ紹介します。

＼技術革新の例①／

メタバースの普及

データセンターは、データ処理を行うためのサーバーやネットワーク機器が設置された建物のことです。データセンターの大容量化・高速化により、サーバーの演算能力などが向上すれば、メタバースを普及させることが可能です。

詳細はP.120-121

進化した半導体をデータセンターに搭載する。

▼

データセンターが多くのデータを処理できるようになる。

▼

メタバースの普及

データセンター

＼技術革新の例②／

未来の自動車

自動車にも半導体デバイスはたくさん使われていますが、車載半導体が進化すると、どうなるのでしょうか。

詳細はP.184-185

半導体の進化によって、自動車自体が外部の情報を認識できるようになったり、電動化による自動制御が実現したりする。

▼

自動運転や空飛ぶクルマの実現

CONTENTS

第3章　半導体の製造

第4章 半導体と関連業界

第5章 生活に欠かせない半導体

第6章 半導体から見る世界

第7章 今後の使われ方と生活への影響

本書の登場人物の紹介

大幸先生

製造業の大手企業に勤めるベテラン社員。世間の半導体への関心の高さを受け、半導体に関するセミナーなども行っている。

こてつ

先生が数年前から飼っている猫。先生と暮らすうちに半導体に詳しくなった。

佐藤達也さん

自動車メーカーに技術職として入社したばかりの会社員（20代）。自動車製造に欠かせない半導体に興味を持っている。理系出身で真面目な性格。

井上美穂さん

家電メーカーの企画部に所属する会社員（20代）。半導体関連の知識はほとんどないが、半導体ブームがきっかけで興味を持ち、自分でも調べ始めている。佐藤さんの高校の同級生。

第1章

世界経済を支える半導体

半導体は「産業の米」といわれるように、
経済活動を行ううえで重要な
役割を果たしています。

世界で需要が拡大する半導体

半導体はあらゆる分野で欠かせないもので、世界経済を牽引する存在になっています。

今や、**半導体**はあらゆる分野で欠かせない存在になっています。身の回りでもコンピュータやスマートフォン、自動車の制御システムなど、あらゆる機器に搭載されています。

ITや通信、自動車産業などにとって半導体は欠かせないものなのですね。

はい。「**産業の米**」などという言い方は古いかもしれませんが、**半導体が産業・経済へ及ぼす影響は非常に大きくなっています**。2022年の世界の半導体市場規模は約6,180億ドル、輸出品目としては世界貿易の約10%を占めています。

すごいですね。半導体を制する者は世界を制する、ですかね。

そうですね。もはや**世界経済を回す中心的な役割を果たしている**といっても過言ではありません。半導体の重要性は今後ますます高まっていくと考えられます。

▶ **半導体**
半導体から開発されるデバイス（部品）には、IC、LSI、ASIC、SoCなどがある。

▶ **産業の米**
産業の中枢を担うものを指す経済用語。戦後しばらく日本の高度経済成長を支えた鉄鋼、冷戦終結後の半導体を指して使われた。

あらゆる分野で欠かせない半導体

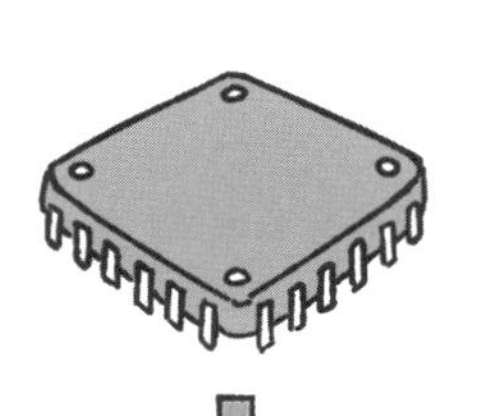

半導体

主にコンピューティングなどの演算処理、電力の制御や変換などに用いられ、さまざまな機器の動作に活用されている。

コンピュータ

データを処理するCPUや、データを一時的に保存するメモリ、モニターへのデータの表示、電源の管理など、さまざまな用途に半導体が活用されている。

スマートフォン

半導体の小型化により、イメージセンサーやジャイロセンサーなど、多様なセンサーが搭載され、スマートフォンの機能として活躍している（P.118参照）。

自動車

車載半導体として、自動車の動作の制御、走行状況の把握、電力の供給、情報の処理などとともに、自動運転にも半導体が貢献している（P.122参照）。

世界の製品別半導体市場の推移

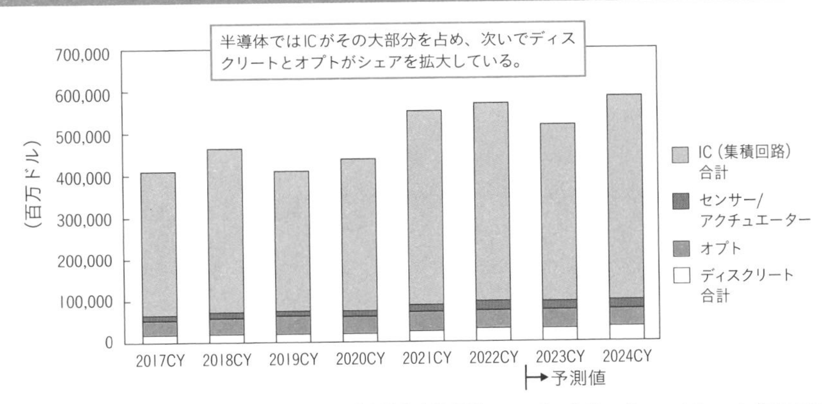

出典：WSTS日本協議会「1. WSTS 2023年秋季半導体市場予測について」（https://www.jeita.or.jp/japanese/stat/wsts/docs/20231128WSTS.pdf）をもとに作成

半導体産業と裾野の広い半導体業界

半導体産業・業界はあらゆる分野につながっているため、異業種にも影響を及ぼしやすいです。

私たちの生活に必要不可欠な半導体ですから、さまざまな業界への影響も大きそうですね。

はい。電子機器には半導体が使われますから、IT業界への影響が特に大きく、製造業やヘルスケア業界にも影響します。

私は**センサー**も半導体であることに驚きました。

▶ **センサー**
半導体デバイスの1つ。光や温度、圧力などを感知できる。

センサーはお掃除ロボットやデジタルカメラ、自動車などにも使われていますよね。センサーだけでも多くのメーカーが関わっているのがわかります。

半導体業界には研究開発、調達、製造、流通など、さまざまな企業も関係していますから、1つひずみが起きるとさまざまなところに影響を及ぼすわけです。

半導体の種類の豊富さに加えて、**サプライチェーン**に関係する企業も多いという意味では裾野が広いといえますね。

▶ **サプライチェーン**
原材料の調達から製造、販売までのネットワークのこと。詳細は、P.32を参照。

半導体を使ったさまざまなデバイス

半導体を使ったデバイスにはそれぞれ特徴があり、多くの産業や業界で用いられています。用途に合わせ、さまざまな構造や機能などが実現されています。

CPU

コンピュータの指令役として機能する中央処理デバイス。

メモリ（RAM、ROM）

データを記憶するデバイス。多量のデータを処理する際に必要とされる。

イメージセンサー

光の強弱や色情報を電気信号に変換するデバイス。カメラなどに使われる。

センサー（温度、圧力）

温度や圧力などを感知するデバイス。家電や自動車、重機、医療機器などに使われる。

トランジスタ

電気信号の増幅やスイッチングなどを行う汎用デバイス。家電や通信機器、産業機械などに使われる。

MOSFET

金属酸化膜型電界効果トランジスタ。電力損失が少ない。電気信号の伝送経路のオン・オフなどに使われる。

IGBT

絶縁ゲートバイポーラトランジスタ。高耐圧化が可能で、瞬発大電力が必要な家電やモビリティなどに使われる。

SoC（System on Chip）

特定の用途向けに、さまざまな機能を1つのチップに集積したデバイス。スマートフォンやIoTなどに使われる。

ダイオード

電気を一方向だけに流し、整流、検波、過電圧・過電流保護を担うデバイス。

ソーラーセル

太陽光エネルギーを電気に変換する太陽電池。太陽光発電に使われる。

CPUやメモリ、イメージセンサーなどは、たとえばパソコンやスマホ、カメラに使われます。1つの端末に複数の半導体が使われるということですね。

半導体不足により発生する生活への影響

製造業を中心に広がっていた半導体不足の影響ですが、ようやく持ち直してきました。

半導体不足による影響が大きいのは、やはり製造業が中心ですよね？

はい。具体的な製品でいうと自動車やスマートフォンなどです。2021年に顕在化した半導体不足で、ほかにもガスコンロや湯沸かし器といった家電も影響を受けました。

私は自動車メーカーに勤務していますが、実際、製品の納期遅延や欠品が何か月も続きました。

私も話には聞きましたが大変でしたね。コンピュータは半導体の塊のようなものだと思いますが、パソコンなどはどうだったのでしょう？

パソコンも一時期は品不足が出ましたね。CPUや**ストレージ**の不足がひどく、買いたいパソコンがあってもなかなか買えないという時期が続きました。ですが現在では、AI向けや高性能GPUなども含めて半導体の生産能力が増強され、取引が盛んになっていますね。

各企業も増産に向けて投資を行っています。詳しくは右ページで紹介します。

▶ **ストレージ**
コンピュータにおいてデータを記録する装置のこと。補助記憶装置。HDD（Hard Disc Drive）がその代表例。

世界の半導体売上高（月別）と前月比伸び率の推移

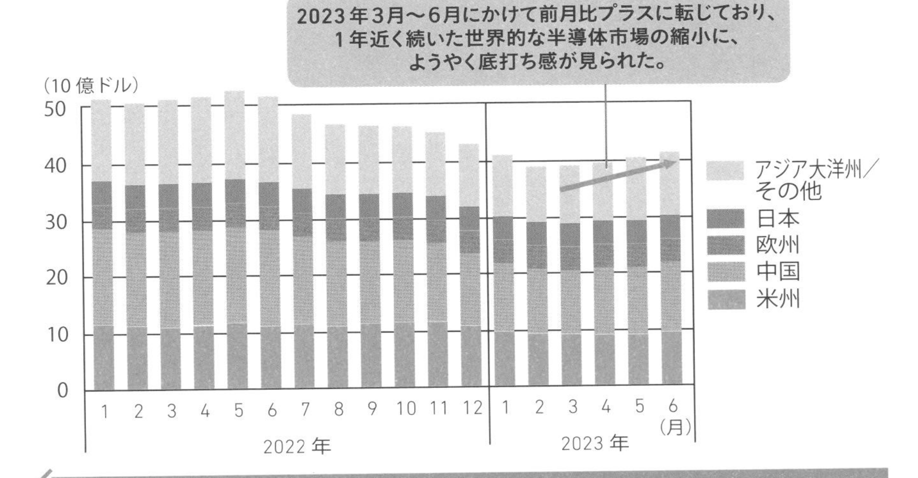

2023年発表の主な半導体関連投資プロジェクト

半導体不足が持ち直してきたことで、世界の半導体市場は伸び始めており、各国の主要企業も半導体増産のための投資を拡大しています。

企業（本社）	投資規模	計画の概要
TSMC（台湾）	100億ユーロ超	自動車用などを中心とする半導体製造工場の新設
インテル（米国）	250億ドル	最先端プロセスの半導体製造工場の新設
	46億ドル	組み立て・検査工場の新設
	300億ユーロ	最先端半導体工場の新設 (既存計画の投資額引き上げ)
マイクロン・テクノロジー（米国）	5,000億円	次世代型メモリ半導体の開発・製造の追加投資
	6億ドル	既存の後工程工場での組み立て・検査ライン新設
	8.25億ドル	DRAM、NANDの組み立て・検査工場の新設
テキサス・インスツルメンツ（米国）	21億ドル	組み立て・検査工場の増設
	10.8億ドル	組み立て・検査工場の増設
STマイクロエレクトロニクス（スイス）	75億ユーロ	米グローバルファウンドリーズと合弁で300ミリウエハ工場の新設
	32億ドル	中国・三安光電と合弁で200ミリのSiCウエハ工場の新設

出典：JETRO「地域分析レポート」
(https://www.jetro.go.jp/biz/areareports/2023/f3f1ca641bf14cfd.html) をもとに作成

CHAPTER 1

半導体不足を防ぐメーカーや国の対策

半導体不足に対して、半導体メーカーや国が講じた主な対策を紹介します。

半導体不足への対策として、増産のための製造工場の拡大などが行われています。

工場の新設となるとお金がかかりますね。

着工から稼働までは年単位で時間がかかりますし、数百億円以上にもなる投資計画の効果が出るのもその先でしょう。

半導体を使う側でも何かできることはあるのでしょうか？

一部の企業では、不足している特定の半導体ではなく、**利用可能な代替技術や次世代品に製品設計をシフト**しています。

そういえば、私のいる自動車業界でも設計の一部が見直されたケースがありました。

そうですね。ちなみに国レベルでも半導体に対して支援を行っていますよ。たとえば米国政府は「**CHIPS for America Act**」を通じて、半導体製造および研究に数十億ドルを投じる計画を立てています。

▶ CHIPS for America Act

米国の法律。正式名称はCreating Helpful Incentives to Produce Semiconductors for America Act。
米国内の半導体産業を強化し、グローバルな半導体サプライチェーンの安定化を目的とし、以下の内容を含む。

1. 半導体製造研究のための資金提供
2. 税制上のインセンティブ
3. 教育と労働力の開発

半導体製造技術の進歩は速いので、同じ半導体を長く採用し続けるより、新製品に切り替えるほうがメリットがあるといえます。

半導体不足に対する対策

世界のメーカーや国がとった対策です。また半導体のユーザー企業も、不足する半導体を別のモノに代替するなど工夫しています。

☑ 生産能力の拡大

TSMCやサムスン電子、インテル、インフィニオンなどが製造工場の新設、既存の工場の拡張を行う。

☑ 政府の支援

メーカーなどに対して、補助金の支給や投資、減税・免税といった政策がとられている。

☑ 在庫管理と需要予測

前工程完了後のチップやウェハでの在庫の適正管理が工期の時短化を実現し、需給ギャップを抑える。

☑ 技術の代替と世代交代

代替技術や次世代プロセスで別の製造工程を構築し、取れ高も向上させて半導体不足の影響を軽減する。

日本政府による半導体不足への対策

☑ 生産能力の拡張

国内大手メーカーとの協力により新しい半導体製造工場の建設を支援。

☑ 研究開発の促進

半導体技術の研究開発に対する資金援助を提供し、次世代技術の開発を促進する。

☑ 国際競争力の強化

米国やEUなどの半導体先進国との連携を含む、他国との協力関係の強化。

☑ 人材不足への対応

人材不足に対応するための教育プログラムの開発や人材育成の取り組みを支援する。

日本政府の戦略としては、日本の半導体産業を強化し、将来の産業の持続可能性を確保することを目指しています。

もっと詳しく!

日本の国際競争力を高める

日本政府の掲げる半導体戦略

国内の半導体産業を強化するため、日本政府は半導体戦略を掲げています。

半導体は、現代の世の中で非常に重要な役割を果たしています。

スマートフォンやパソコン、自動車をはじめ、家電、ホームエレクトロニクス、交通機関、オフィスなど、私たちの日常生活・身の回りのありとあらゆる場面で使われています。また、それまで半導体ではなかったものも半導体に置き換えられています。

これは日本国内だけでなく世界的なトレンドであり、世界の国々は半導体技術を強化し、自国の産業を競争力のあるものにしようと努力しています。

日本の経済産業省も「半導体戦略」を定めることで半導体技術を強化し、国際競争に勝つための計画を立てています。これには、半導体産業を支援して新しい技術開発を促進し、国内の半導体製造能力を高めるためのさまざまなアクションを含んでいます。

この戦略では「日米のパートナーシップを形成し、半導体とデジタル産業の強化を目指す」ことが強調され、「先端の半導体製造技術の共同開発と十分な生産能力の確保」や「デジタル投資の加速と先端ロジック半導体の設計および開発の強化」といったことが謳われています。

「半導体戦略」には、研究開発を行うための資金提供や、半導体を増産するための新しい工場の建設支援など、半導体産業を強化し発展させるための具体的な措置が含まれています。つまり日本は、技術革新を推進して国際競争力を高め、そして半導体に依存する多くの産業での成功を確保することを目指しているのです。

半導体は非常に競争の激しい分野であり、世界各国はこの分野で主導権を握るためにさまざまな戦略を立てています。その中で日本の「半導体戦略」は、半導体産業において、日本が未来に向けて準備を進める明確なサインとなっています。

日米のデジタル投資額

日本のデジタル投資額は、米国と比較して伸びておらず、名目GDPもほぼ横ばいが続いています。半導体などのデジタル技術への投資を増やし、新たな付加価値を生み出すことが、競争力の強化や社会課題の解決につながるといえます。

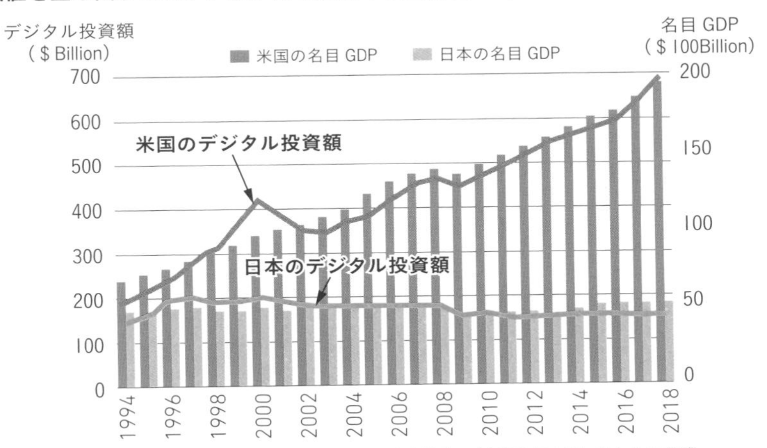

出典：経済産業省 商務情報政策局「半導体・デジタル産業戦略」（令和5年6月）をもとに作成

半導体と世界の主な変化

経済安全保障の環境変化

米中の技術対立で、半導体の確保が経済安全保障に直結することに。

アフターコロナのデジタル革命

半導体が社会のデジタル化の進展を左右する基幹製品に。

エネルギー・環境制約の克服

カーボンニュートラルに向け、半導体が貢献する省エネ化・グリーン化が必須に。

レジリエンスの強靭化

半導体不足による最終製品の生産停止など、
あらゆる産業へのインパクト（サプライチェーンリスク）が甚大化。

日本の大規模集積回路事業の凋落

半導体市場の拡大にもかかわらず、過去30年間で日本の存在感は低下した。

CHAPTER 1

不足の原因①

半導体不足の原因は需給バランスの崩壊

半導体の需要は急激に膨らみましたが、供給側はそれほど増えませんでした。

そもそも、なぜ半導体不足は起きたのでしょうか？

いろいろな原因が重なっていますが、根本的には需要が急激に膨らんだのに比べて供給がそれほど増えず、バランスが崩れたことでしょう。

需要というと、2020年頃からリモートワークが普及したことで、その周辺機器が買い求められたことなどですか？

はい。まずコロナ禍初期に電気・電子機器工場のロックダウンで**生産が停止したことで、需要が急減・低迷**しました。ところが、巣ごもり需要で販売が急伸し、**短期的な需要回復**が起こりました。

ロシアによる**ウクライナ**侵攻なども、理由の1つになるのでしょうか？

それもあるでしょう。半導体製造に必要な原材料には、ロシアやウクライナへの依存度が高いものもあります。

▶ **ウクライナ**
ウクライナには、世界のネオン供給の約半分を担う2つのネオンガス供給企業がある。ロシアの侵攻によりこれらの企業の運営が停止した。

日本の半導体市場（出荷額）の推移

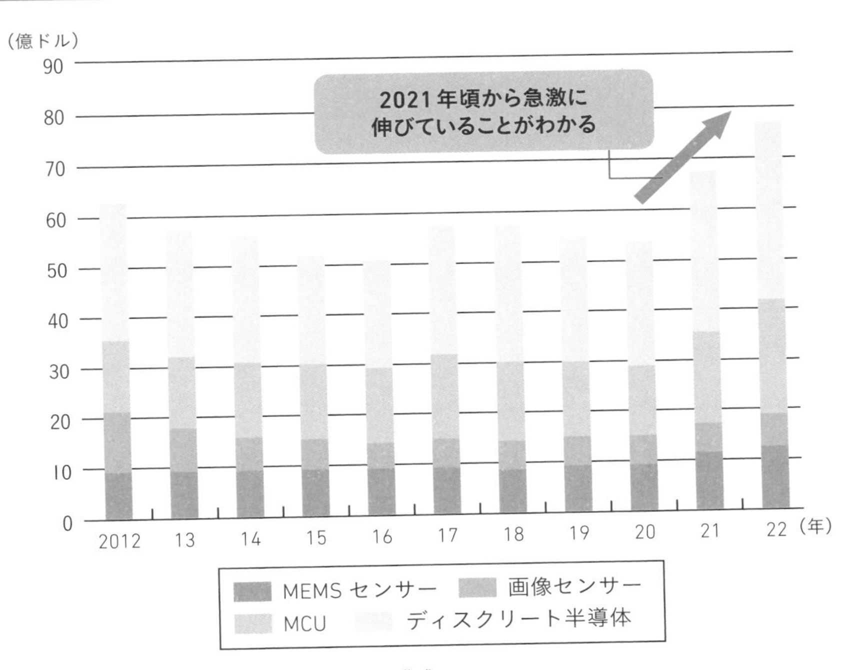

出典：総務省「情報通信白書令和5年版」をもとに作成

ウクライナ侵攻がもたらす半導体への影響

ロシア

パラジウムの世界供給量の約35～45%を生産

パラジウムは半導体製造のボンディングの工程で、リードフレームなどに使われる（P.75参照）。

ウクライナ侵攻を要因とする各国との関係悪化によって生まれた供給不安から、価格が高騰。

ウクライナ

ネオンの世界供給量の約70～80%を生産

ネオンは半導体製造のフォトリソグラフィの工程で、エキシマーレーザに封入するガスなどとして使われる（P.73参照）。

戦争によって製鉄所が止まることで、生産がなくなる。

長い工期も半導体が不足する要因

半導体は工期が長いという特徴があり、需要が高まっても市場の供給量をすぐに増やすことができません。

半導体需要の高まりはわかりましたが、すぐに増産することは難しいのでしょうか？

半導体の製造には長い工期が必要で、すぐには市場に供給できません。工期のイメージとしては、チップの製造プロセスに数か月、テストに数週間、**パッケージング**に数週間といったところですね。また、**部材調達**の期間も必要です。全体としては数か月〜半年ほどかかります。

注文してもすぐに届かないわけですね。すぐにつくれるものだと思っていました。

製造プロセスが非常に複雑だということは大切なポイントですね。

では、あらかじめ在庫として大量にストックしておき、需要の高まりに備えるというのはどうでしょうか？

在庫にする場合、**シリコンウェハ**で保管するのが一般的ですが、製品寿命が短く、在庫保管のリスクは高くなっています。

▶ **パッケージング**
半導体を仕上げるための最後のプロセスで、半導体を外部から保護する。パッケージングの期間には幅があり、数日から1〜2か月間が必要とされることもある。

▶ **部材調達**
部材調達には数か月を要することもある。

▶ **製造プロセス**
材料や部品の調達から製造、出荷までの工程をいう。詳しくはP.67を参照。

▶ **シリコンウェハ**
単結晶のシリコンでできた薄い円盤状の基板のこと。この上に半導体素子を形成していく。詳しくはP.66を参照。

半導体製造のリードタイム

半導体製造のリードタイム（工程の開始から終了までの所要期間・工期）は、設計以降で見ても数か月以上かかります。新しい半導体の製造を設計・開発から開始すると、年単位の期間が必要になることもあります。

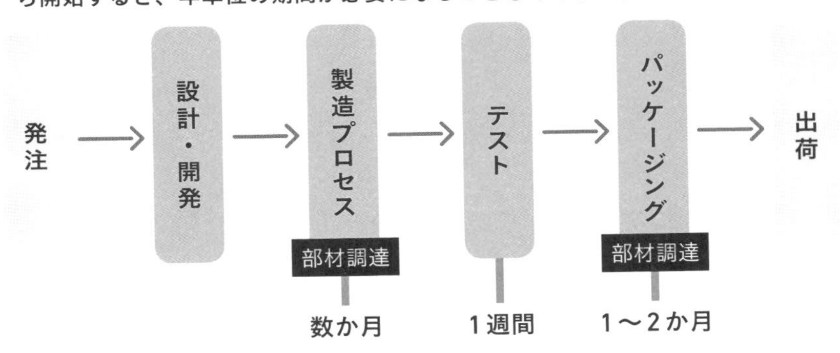

シリコンウェハの保管に必要なこと

〈シリコンウェハ保管に発生するリスク〉

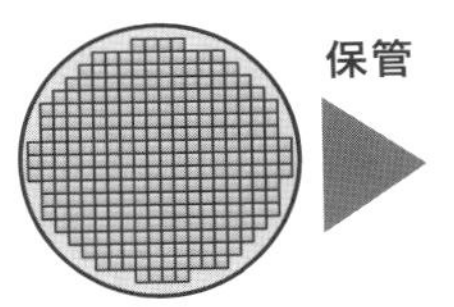

半導体の作製に必要なシリコンウェハ

適切な保管環境を用意するコスト

在庫管理の労働力の確保と棚卸しコスト

確実な需要が見込めるかわからない在庫リスク

デバイスの世代交代、代替プロセス品も考慮。

〈シリコンウェハの保管要件〉

保管環境

- 温度5～30℃、湿度40～60％または乾燥した窒素環境下
- 腐食性ガスや塵・ほこりの少ない環境
- 直射日光の当たらない場所
- 結露を発生させない
- 天地逆にしたり立てかけたり、重ねすぎたりしない

長期保管の注意点

- 長期（1年以上）の保管には密閉容器や真空パックなどを使って防湿対策を行う
- 長期保管後はデバイス端子の変色や錆がないか、はんだ付け性の低下がないかを確認する
- 落下などでデバイスの傷や割れがないかを確認する

シリコンウェハの保管には棚卸しコストや在庫リスクがあるため、汎用品など、取引の数量と顧客数が多い場合にのみ取り入れられています。

半導体の増産には多大な投資が必要

半導体製造工場の新設には巨額の初期投資が必要とされるため、生産力を高めることは容易ではありません。

半導体の製造に時間がかかるのでしたら、メーカーが大規模に製造を進めるということはできないのでしょうか？

それはなかなか難しい問題です。一番大きいのは、**半導体製造設備が非常に高価で、工場を新設するための初期投資が巨額**であることでしょう。そのうえ、技術の進歩が早いことから、設備を整えるタイミングを誤ると陳腐化するリスクも大きいんですね。この辺りの判断が難しいのです。

では、すでにある**製造ライン**を24時間体制で動かすのはどうでしょうか？

多くの半導体製造工場では、**24時間操業が可能**になっています。これは半導体製造が高度に自動化されているからなんですね。ただ、P.26で述べた通り、半導体製造には長いプロセスがかかり、1つのチップを製造するのに数か月かかることもあるので、大幅に増産することはできません。

▶ **非常に高価**
半導体製造設備は、たとえば半導体の回路パターンを焼き付ける露光装置で数百億円、製造上の不良を見つける検査装置で数十億円と高額であり、かつ製造プロセスの各工程でさまざまな設備が必要になる。

▶ **製造ライン**
製造をするための「生産ライン」あるいは「組立て工程」「生産工程」のこと。

半導体製造工場の収益性を高める戦略

半導体を製造する工場には高価な設備が必要なため、建設する場合には巨額のコストがかかります。そのため、半導体メーカーにとってはいかに効率よく収益を上げるかが重要になります。また、稼動が早いほど収益も上げられるため、建設の際はタイトな建設スケジュールが求められることもあります。

☑ 効率的な設計

半導体製造工場の建設で重要なことは、生産性能の高いシステムを素早くつくること。そのためには優れた設計が必要であり、施工者には高い専門知識が求められる。

☑ コストの削減

コストには、建設時と稼働後のコストがある。建設コストは、効率的な設計により部品ロスや労力の削減を行う。また稼働コストは、生産性能の高いシステムと工期の短縮、歩留まり（良品率）の向上への施策などを盛り込み削減する。

☑ 工場稼働の迅速化

工場建設の際には、システム設計や配管などに時間がかかる。すべての施設が完成するまで待つのではなく、段階的に稼働させることで、その分の収益を上げることが可能になる。もちろん迅速に工事を完了することも大切。

☑ システムの一貫性

新設した半導体製造工場の製造プロセスのマネジメントシステムなどを既存工場と合わせることにより、システムに一貫性を持たせる。これにより製造プロセスの安定性の向上、品質の維持、作業の効率化につながる。

工場新設には、数百億円から数千億円といった巨額の初期投資が必要とされます。そのためメーカーは、確実に収益につなげられるよう、戦略を検討しています。

デジタル化の推進と半導体需要の変化

ビジネスのデジタル化やDXが進んでいることも、半導体が世界経済で必要とされる要因の1つです。

半導体の増産が簡単でないことはわかりましたが、パソコンやスマートフォン、それにクラウドやAIといったデジタル技術の需要は伸び続けていますよね？

その通りです。たとえば、**あらゆる企業がDXを推進**し、デジタル技術を活用して業務プロセスを効率化・自動化させています。また、新しいビジネスモデルや価値提供の方法を創造する取組みも行っています。そうでないと生き残っていけないからですね。

デジタル技術の需要は拡大する一方ということですね。半導体の需要も増えることはあれ、減ることはなさそうです。

はい。DXの実現には、業務プロセスを効率化し、自動化するための「テクノロジーの導入」のほかに、データ分析のために「**データを収集・保存するための半導体**」や「**分析するための計算機**」なども必要になりますからね。

▶ **DX**
Digital Transformationの略。2004年にスウェーデンのウメオ大学のエリック・ストルターマン教授によって提唱された概念。

企業が進めるDXにより半導体の需要はますます高まりそうです。

DXのメリット

DXでは、第3のプラットフォーム（クラウド、モビリティ、ビッグデータ／アナリティクス、ソーシャル技術）を活用し、新しい製品やサービス、ビジネスモデルなどを創出して、競争優位性の確立が目指されています。

〈DXの主なメリット〉

● メリット1
業務の効率化 → これまで手作業で行っていたものをデジタル技術で実行できるなど、効率的な作業が可能になる。

● メリット2
データの有効活用 → 収集したデータの管理が容易になることや、AIによる高度な分析などにより、データの活用や予測ができるようになる。

半導体が支えるデジタル機器の例

オーブンレンジ

スマートウォッチ

炊飯器

DXによりデータセンターの活用が増え、サーバーやネットワーク機器などに組み込まれている半導体デバイスの需要も高まり、AI処理などの機能も進化。

DXの進展により生活家電にもAIや通信機能などが組み込まれることで、多くの製品に半導体デバイスが必要とされる。より快適なライフスタイルを提供。

製造のトラブルとサプライチェーンの分断

半導体が世界経済に不可欠なものとなったことで、製造や流通のトラブルによるリスクも大きくなりました。

半導体の需要は高まっていますし、求められるデバイスがどんどん複雑化・高度化していくと、デバイスのトラブルも増えそうな気がします……。

そうですね。半導体の製造は、**それ自体が非常に複雑で、高い精度が求められます**。たとえば、製造機器の故障や材料不良、**人的エラー**などは半導体の供給量に直結します。

サプライチェーンの状況によっても左右されそうですね。

現代の半導体のサプライチェーンは、多くの国・地域と企業が連携して機能しているので、それだけリスクもあります。**多国間の政治的な緊張や貿易摩擦、自然災害などがサプライチェーンを分断**したり、半導体の製造と供給に影響を与えることもあるんですよ。

複数の国・地域が関わるなら、世界情勢が安定していることも大切ですね。

▶ **人的エラー**
半導体の製造プロセスにおける人的エラーの例として、設計工程での不適切な回路設計や数値の誤り、回路パターンを焼き付ける露光段階での設定ミス、形状を加工するエッチング段階での必要な回路パターンの削除などがある。これらはDXやAI技術などで飛躍的に改善されてきている。

半導体のサプライチェーン

部材・材料

半導体を製造するための部材や材料を供給する。

→ 
製造

部材や材料から半導体やデバイスを製造する。

→ 
倉庫

製造した半導体やデバイスを保管する。

→ 
販売

半導体やデバイスを顧客企業やメーカーに販売する。

→ 
配送

半導体やデバイスを顧客企業やメーカーに配送する。

→ 
顧客

半導体やデバイスを購入し、活用する。

半導体を顧客に提供するには、半導体の材料の供給から配送までの一連の流れがあります。製造はさらに細かい工程に分かれています。

トラブルがサプライチェーンに与える影響の例

サプライチェーンを構成するメーカーなどが、トラブルにより材料や製品を供給できなくなると、その川下に存在する企業が稼働できなくなります。特に、多くの製品に組み込まれている半導体において、その影響は大きくなります。

部材・材料メーカー

パッケージ材の供給が停止

半導体メーカー（製造）

火災などにより、部材・材料メーカーのパッケージ材工場の稼働が停止する。

半導体の供給が停止

材料を元に製造を進める半導体製造工場が半導体を製造できなくなる。

自動車メーカー（顧客）

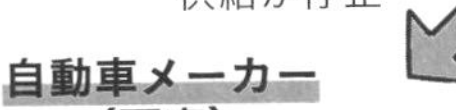

半導体を組み込む自動車の製造ができなくなる。

半導体の種類と供給量の関係

回復傾向にある半導体市場ですが、半導体の種類によりその速度は変わり、経済に与える影響も異なります。

2023年の冬の時点では、パソコンショップのCPUやメモリ、グラフィックカードなどの供給は回復していました。なのに、自動車は半導体が調達できず納期が遅れているようでした。自動車のような産業向けの半導体だけが不足していたのでしょうか？

いいところに気がつきましたね。半導体市場はまさに「まだら模様」で回復しているといえる状況になっています。理由は簡単で、従来の技術による半導体製造のほうが**利益率**が低いからです。メーカーとしてはそこへの投資に躊躇せざるを得ないわけですね。

すると、**車載半導体**はしばらく不足したままなのでしょうか？

そうとも限りません。このような半導体の供給不足や、逆に供給過多も、過去からずっと繰り返されてきていますから、車載半導体や**パワー半導体**の不足も同様に解消されると予想できます。

旧来の製造設備は増強が難しく、生産性能に限界があります。さらに利益率も低く、製造設備の増設が難しいのです。

▶ **利益率**
半導体は普及すると価値が下がるが、原価はそれほど下がらないため、古い製品の製造は利益を圧迫する。

▶ **車載半導体**
自動車に搭載する半導体のこと。エンジンや各種モーターなどの制御、GPSセンサーなどに活用されている(P.122参照)。

▶ **パワー半導体**
電力の制御や変換に活用される。

需要が高まるパワー半導体

パワー半導体

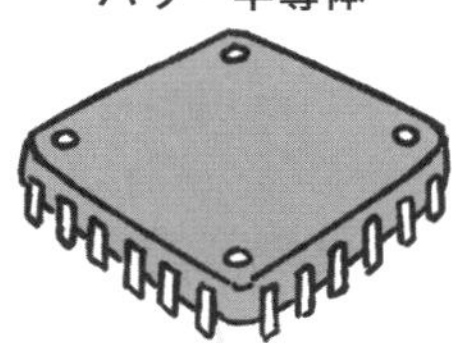

電力の制御や変換などを行うために活用される半導体デバイス（P.160参照）。

パワー半導体の特徴

- 高電圧、高電流、高温の条件下で動作するように設計されている。
- エネルギー効率を向上させるために重要な役割を果たす。

パワー半導体の活用例

電圧変換に使われている変圧器（トランス）をパワー半導体による高速スイッチング回路に置き換えることで、小型化・省エネ化が実現され、現在では産業用、商用、家庭用などのさまざまな製品に使われている。

パワー半導体デバイスの代表であるIGBT

IGBT（Insulated Gate Bipolar Transistor）は絶縁ゲートバイポーラトランジスタとも呼ばれ、パワー半導体デバイスの1つです（P.62参照）。大電流下での使用に適しており、比較的高速です。しかも小型化・省エネ化が容易で、多くの大型家電や輸送機器などにおいて欠かせないデバイスとなっています。

IGBTの回路図

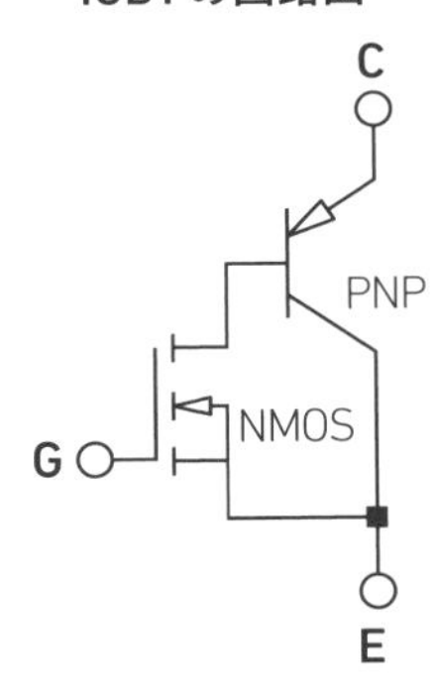

IGBTを応用したインバーター

- 可変電圧・可変周波数の交流電流に変換することで、モーターなどの可変速運転を実現。
- 電力供給の瞬発力があることが特長。
- 通常、1つのデバイスに何機ものIGBTが使われている。
- 鉄道車両の駆動装置、家庭用のエアコンや冷蔵庫、IH調理器、蛍光灯、コンピュータ用の電源装置、産業用のファン、ポンプ、エレベータ、クレーンなどに使われている。

パワー半導体の中でも、1980年代に日本で誕生したIGBTは、エレクトロニクス業界に大きな変革をもたらした技術といえます。

歴史からわかる半導体サイクル

歴史をひもといてみると、半導体業界には意外な法則があります。それが半導体サイクルです。

半導体業界には景気変動のサイクルがあると聞いたことがあります。

はい。半導体業界は半導体不足と供給過多を繰り返して来ており、これを**「半導体サイクル」**と呼んでいます。一般的には4～5年のサイクルだといわれていますね。

近年の半導体不足も、そのサイクルに当てはまるのでしょうか？

何ともいえないところです。半導体不足が顕在化したのが2021年とされていますが、通常の半導体サイクルであればすでに半導体不足は過ぎていることになります。

計算が合いませんね……。

中長期的に期間が長く続くサイクル「スーパーサイクル」に突入したのではないかという説があります。いずれにしても、これも半導体サイクルの一種でしょうから、いずれは終わるでしょう。

▶ **半導体サイクル**
半導体業界の構造的なサイクルのこと。周期的に好況と不況を繰り返す。シリコンサイクルともいう。

従来は民生機器への半導体の採用と消費が進んだことで、オリンピックなどのイベントとリンクして需要が変化する傾向がありました。たとえば、テレビ、ビデオテープレコーダー、パーソナルオーディオなどです。

需要の周期による半導体サイクル

半導体サイクルとは、半導体デバイスの需要が高まり、供給が増え、減産され、半導体不足となり、再び需要が高まるといった繰り返しをいいます。半導体デバイスの部材調達と製造には半年〜１年を要します。この期間に需要が高まると、生産が追いつかないことになります。

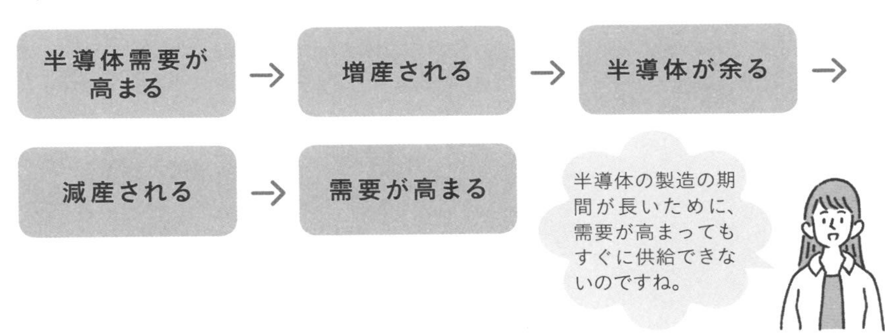

半導体サイクルとスーパーサイクル

半導体サイクルは、半導体不足と供給過多を４〜５年の間隔で繰り返す景気循環です。それより長い間隔で循環するサイクルを「スーパーサイクル」といい、近年はこの状況に突入したのではないかとされています。

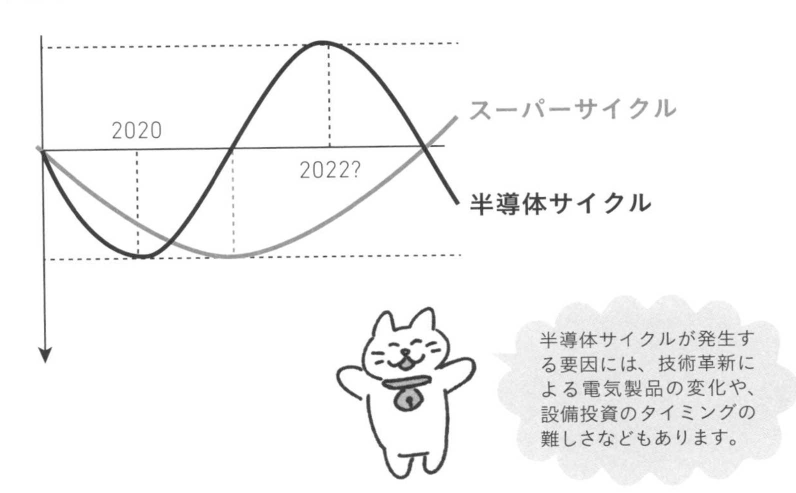

CHAPTER 1

最先端技術

半導体の最先端技術と経済への影響

半導体は最先端であるほど小型化されていきます。現在の最先端技術と今後の流れを見ていきましょう。

さまざまな半導体がありますが、その最先端はどのようなものなのでしょうか？

たとえば、「3D NAND型 **フラッシュメモリ**」や「SoC（システムオンチップ）」などは聞いたことはありませんか？

はじめて聞きました。

3D NAND型フラッシュメモリとは、立体構造にしたNAND型フラッシュメモリのことで、立体構造による集積化が進んでいます。またSoCは、1つの半導体チップ上に多くの機能回路を実装したものです。どちらも、**IC・LSI**チップの性能とエネルギー効率を向上させ、小型化を実現することを目的とした技術です。

より小さく高性能にということですね。

その通りです。微細化と高性能化により、モバイル端末やIoTなどの小型のデバイスの開発が進むことになり、市場が活性化することが予想されます。

▶ **フラッシュメモリ**
電源を切ってもデータを保持できる不揮発性のメモリのこと。フラッシュメモリは、USBメモリスティック、SDカード、SSD（Solid State Drive）など、多くのストレージやモバイル端末に使用されている。

▶ **IC**
P.66参照。

▶ **LSI**
P.66参照。

SoCでは、数nmプロセス技術やチップ高密度混載パッケージ（チップレット・P.82参照）が代表的な技術です。

半導体の立体構造による集積化

3D NAND型フラッシュメモリは、立体構造による集積化の技術を使ったフラッシュメモリで、高密度で高容量のデータストレージを実現しています。

〈2Dから3D（立体構造）へ〉

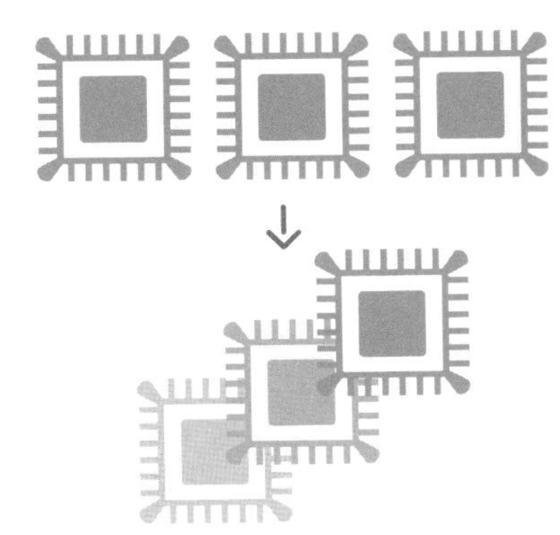

3D化の主なメリット

- メモリを立体的に並べることで、チップ面積を拡大することなく容量を増やせる。
- 立体構造で積層することで、省スペース化が図られ、デバイスのサイズや重量を削減できる。
- チップ内の部品や回路が密に配置され、短い経路で書込み・読出しの高速化が可能。
- 短い経路による通信で、電力消費が削減され、エネルギー効率が向上する。
- 容量が増えることで、1つのチップに複数の機能を統合でき、高機能化が図れる。

恩恵がある主な分野

モバイル端末

3D化により、小型で高効率なチップが実現し、デバイスの性能向上と、多機能化が図れる。

IoT機器

IoTデバイスの小型化、省電力化、機能の高度化などが実現し、IoT技術の発展に貢献する。

自動車

車載半導体の性能が向上し、安全性、燃費（電費）効率、運転支援機能などが高まる。

医療機器

医療機器のセンサーなどの性能が向上し、体内をモニタリングする超小型機器などが開発される。

SoCも、さまざまなシステムや機能を集積することで、モバイル端末や車載システム、製造機器などに活用され、多様なアプリケーションが開発されています。

もっと詳しく！

世界市場での優位性を確立

半導体のリーダーを巡る半導体戦争

半導体技術の激しい競争や、国同士・大企業同士の熾烈な競争は今日も続いています。

「半導体戦争」という言葉は主に国際的な競争と半導体産業の重要性を指し示しています。半導体は現代の電子機器や技術の心臓部となっており、国々や大手企業間での技術的優位性や市場支配を巡る競争が激化しています。このフレーズの背景と意味を簡単に説明すると、技術の競争の面でいえば、半導体技術は急速に進化しており、先進的な半導体は高性能なコンピュータやスマートフォン、そのほか多くの電子デバイスを動かしています。国や企業は、最先端の半導体技術を持つことで技術的なリーダーシップを確立し、全世界の市場で競争力を高めることを目指しています。

また半導体戦争は、新しい技術の開発とイノベーションを推進するための大規模な投資を促進しています。これにより、新たな半導体技術が生まれ、電子機器の性能が向上し、新しい産業やビジネスモデルが生まれています。半導体技術とその国際的な影響を理解するための重要なコンセプトであり、今後の技術、経済、そして政治の動向にも影響を与える重要な要因となっています。

鉱工業指数による半導体・集積回路（IC）の推移

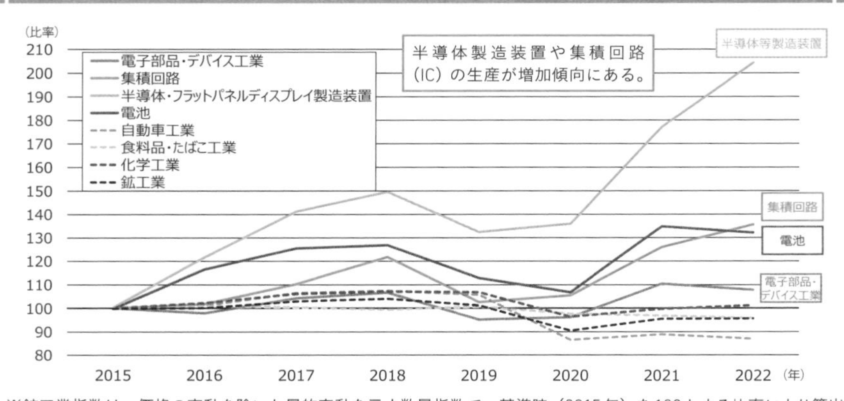

※鉱工業指数は、価格の変動を除いた量的変動を示す数量指数で、基準時（2015年）を100とする比率により算出
※経済産業省鉱工業指数（2015=100）季節調整済指数より作成。四半期データをもとに年平均を算出
出典：経済産業省 商務情報政策局「半導体・デジタル産業戦略（令和５年６月）」（https://www.meti.go.jp/press/2023/06/20230606003/20230606003-1.pdf）をもとに作成

米国による中国への輸出管理

米国政府は2022年10月、AIなどに使われる半導体や、その製造に必要な装置・技術などの中国への輸出を事実上禁じるなど、中国との対抗を意識し、規制強化を進める考えを示しています。

トランプ政権下の対応（2019年～2021年）

個別企業向けの輸出規制措置

JHICC（NAND製造）やファーウェイ、SMICなどのエンティティリストへの追加。

ファーウェイなどに対する外国直接製品規則の強化。

SMICへの先端性の高い半導体製造に特有の装置についての輸出の規制。

バイデン政権下の対応（2021年～）

中国企業全体への輸出規制措置

AIやスーパーコンピュータに利用される半導体、先進的な半導体製造に利用される半導体製造装置などの対中輸出管理措置を公表。

助成対象者に対して、中国などの特定懸念国での先端半導体製造基盤の新増設を禁止。

日本やオランダ、ドイツ、韓国などに対しても、中国による半導体技術の導入を制限する措置を強化し、輸出規制に参加させる見通し。

日本政府や日本企業などに対しても、中国への半導体製造装置や部材・材料などの輸出を制限するよう求められています。

COLUMN

Q 半導体の進歩は私たちの生活にどんな影響を与えるのですか？

A 電化製品を中心とした快適な生活環境の実現に影響を与えます。

半導体は私たちの生活に密接に関わっており、安心・安全・快適な生活環境の実現に深く結びついています。

身近な例には、電気炊飯器があります。昔はお釜を温めてご飯を炊くだけの道具でしたが、マイコン炊飯器になったことで、適切な温度と時間でおいしいご飯を炊くことが可能になりました。これはマイクロコントローラのおかげです。

その後、IH炊飯器が登場し、Induction Heating、つまり電磁誘導を使ってよりおいしくご飯を炊けるようになりました。IH炊飯器には、正確な温度管理を行うために、より高度なマイクロコントローラやパワー半導体なども用いられています。

これからは多くのセンサーや、コントローラ、通信機器などがつくられ、あらゆるものをデジタルデータとして扱うことができるようになります。そして、電気炊飯器のような事例が、多くの場面で起こるでしょう。

そして、より多くの種類の半導体がつくられていくことで、より安心・安全・快適な生活環境が実現されていくことが想定されます。

[第2章]

半導体とは？
基礎知識を身につける

半導体は社会を支えるデバイスですが、
そもそもどんなものなのでしょうか。
半導体の基本を確認しましょう。

そもそも「半導体」って何ですか?

半導体とは、電気を通したり通さなかったりする物質のこと。導体と半導体の違いなどを見ていきます。

半導体は電気製品をつくる上で欠かせない物質です。

そもそも半導体とはどんな物質なのでしょうか？

たしか**導体**は電気を通す金属などに使われる言葉ですよね。

すると、半導体だから半分だけ電気を通す物質ということ？

着目点はいいですよ。導体とは、電気を通しやすい物質のことです。たとえば金属は導体です。それに対して、電気を通さない物質が**絶縁体**です。この絶縁体の代表は合成樹脂やセラミックです。ところが、そのどちらにも分類できない物質があります。それが**半導体**です。半導体は導体と絶縁体の特徴をあわせ持つため、うまく使うことで電子回路の中の電圧や電流を制御することができるのです。

半導体ならではの役割というわけですね。

▶ **導体**
一般的には電気抵抗率が低いほど良質な導体とされるが、使われる場所に応じて使い分けられている。

▶ **絶縁体**
電気製品のコードを触っても感電しないのは、絶縁体である合成樹脂で覆われているからである。ゴムのほか、ガラス、ビニール、プラスチック、木、紙、油、純水が絶縁体に分類される。

▶ **半導体**
絶縁体よりもバンドギャップの幅が狭く、熱エネルギー（温度差で発生するエネルギー）が加わることで電気が通りやすい状態になる。ポイントは、電気伝導度が可変であること。主にシリコン素材が用いられる。

電気の流れやすさは電気抵抗率によって決まる

電気抵抗率（Ω）

10^{-5}　10^{0}　10^{5}

電気が流れやすい　電気が流れにくい

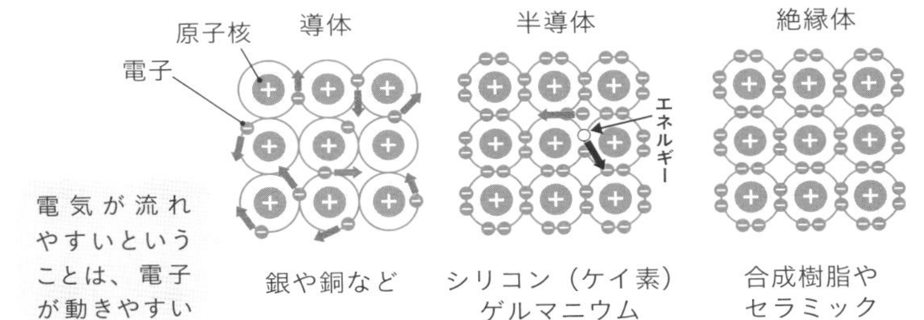

電気が流れやすいということは、電子が動きやすいということ。

銀や銅など

シリコン（ケイ素）
ゲルマニウム
III-V 族化合物

合成樹脂や
セラミック
など

電子が原子核と結合しており、電気が流れにくい。

▼

半導体は外部からエネルギーを受けると電子が動く。

電気抵抗率の違いのイメージ

温度などによって電子エネルギーの準位が上がると、価電子帯から伝導帯へと電子が飛び出して自由に動き回る（電流が流れる）ようになる。

この部分がバンドギャップ。電子が存在しない領域である

伝導帯
（電子が自由に移動できる）

エネルギー

禁制帯

電子エネルギー

導体　**半導体**　**絶縁体**

価電子帯
（電子は存在するが自由に移動できない）

電気の流れにくさはバンドギャップの大きさに比例する

電気抵抗率は物質のバンドギャップの大きさによって決まります。

電子回路に欠かせない半導体の機能

電気信号によって電流と電圧を制御できる半導体。電子回路によりさまざまな機能が実現可能となります。

ここで、半導体が**電子回路**の中でどのような役割を担っているかについて考えてみましょう。

半導体は電気を通したり通さなかったりしますから、いわゆる「スイッチ」になりますね。

はい。そのほかにも「**電気信号の増幅**」という機能があります。半導体は、**印加**する電界強度によって電流を制御することができ、その状態をうまく使うと、微弱な電流を増大させることができます。

何となくイメージできてきました。半導体の動作を使ってスマートに電子回路を設計できるということですね？

その通りです。あとは「**電気と光との変換**（光電変換）」という機能もあります。半導体が現在の電気製品に欠かせない理由は、こうした性質を使うことでさまざまな機能を極小スペースで実現できるからなのです。

▶ **電子回路**
一般的には、ダイオードやトランジスタなど能動的な部品を使って構成された電気回路のことをいう。電気回路の中では電気信号を使って電流や電圧を制御できる。

▶ **印加**
電気回路に電源や別の回路から電圧や信号を与えること。

電気と光の変換のしくみは右ページで説明しています。

トランジスタの種類と電気信号の増幅

トランジスタは大きく3つに分類できます。バイポーラトランジスタと電界効果トランジスタ、絶縁ゲートバイポーラトランジスタです。電界効果トランジスタの代表はMOSトランジスタです。トランジスタは電気信号を増幅させる機能や、電気信号を大きくして電流の量を調整する機能を持ちます。

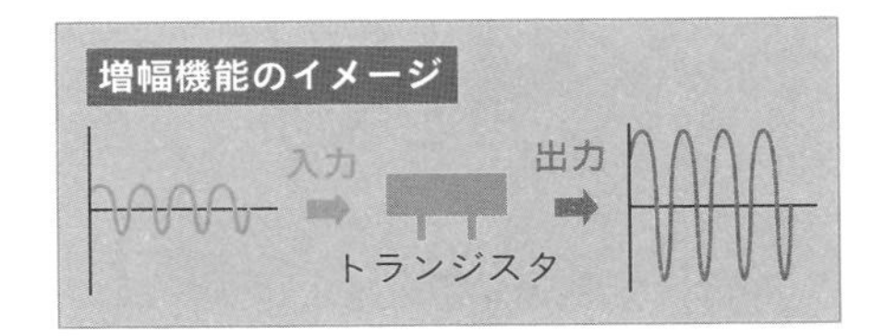

〈バイポーラトランジスタの例〉

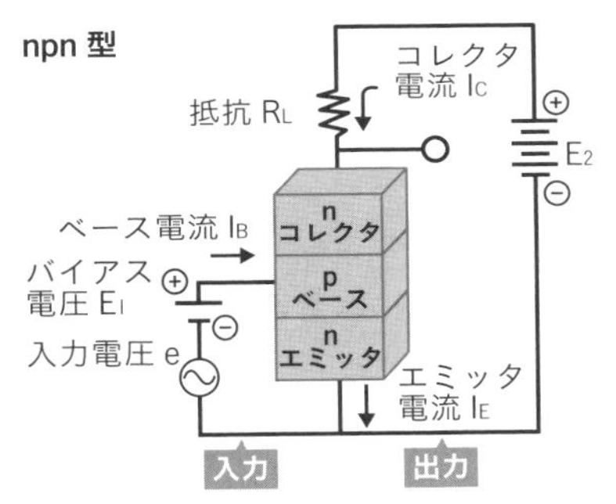

n型半導体でp型半導体をサンドした構造のトランジスタ。n型半導体よりもp型半導体の電位が高くなるよう電圧を印加すると、ベース電流が流れ、増幅された電流がコレクタとエミッタの間に流れる。

〈MOSトランジスタ(MOSFET)の例〉

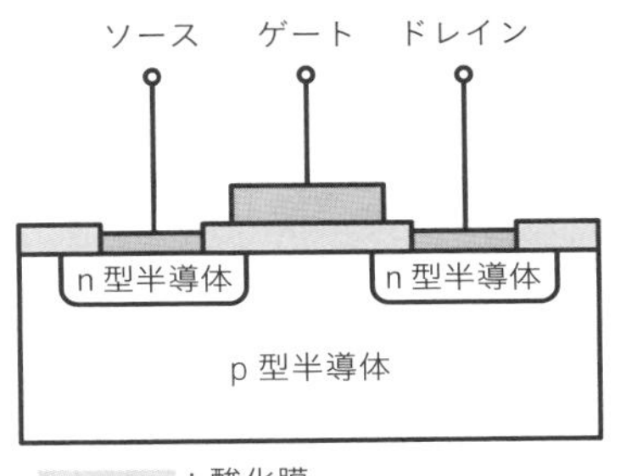

金属、酸化膜、半導体を用いたもので、ドレインーソース間に電圧を印加し、ゲートに印加する電圧を可変制御することにより電流を流すことができる。電圧（微弱な電流）で大きな電流をオン・オフすることが可能。

電気エネルギーと光との変換

〈太陽光を電気に変換するしくみ〉

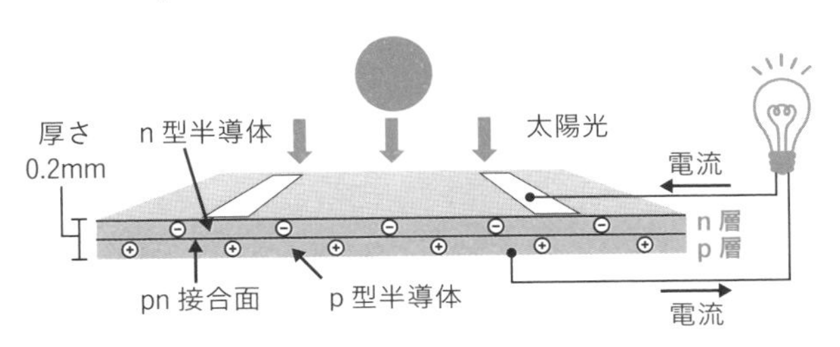

半導体に光が当たると内部に電子（－）と正孔（＋）が発生する。それらがn層とp層に移動することで、半導体のpn接合両端に電位差が発生し、両端に負荷をかける（たとえば電球を接続する）と電気が流れる。

真空管からの進歩

ベル研究所の2つのトランジスタ

米国のベル研究所は真空管の代替プロダクト開発にしのぎを削りました。

半導体の歴史は古く、物質やその特性の発見まで遡ると昔の話になりすぎるので、ここではそれまで電気制御に使われていた真空管に代わる「トランジスタ」が生まれたあたりから見ていきましょう。

1906年、三極の真空管(三極管)が登場し、電気の増幅・整流のほか、電気信号の増幅もできるようになります。以降、この三極管を活用していわゆる電子工学、エレクトロニクスを主軸に産業が拓いていきます。三極管は電話システム、ラジオ、テレビのほか、初期のコンピュータにも使われていました。

ただ真空管には、「大きな場所と電力が必要になる」「壊れやすい」などの弱点がありました。そこで、小型化、運用の安定化、低コスト化を目指して開発が進められたのが、ソリッドステート(個体≒半導体)を使った電子デバイスでした。

最初の半導体デバイス(トランジスタ)が生まれたのは1947年。ベル研究所のジョン・バーディーン、ウォルター・ブラッテンの二人が、試作した「点接触型トランジスタ」の増幅作用を確認したのです。

のちの1956年、「半導体の研究およびトランジスタ効果を発見」したことにより、バーディーン、ブラッテンともう一人、やはりベル研究所で半導体デバイスの研究開発に従事していたウイリアム・ショックレーにノーベル物理学賞が贈られています。

ただショックレーは、1947年の点接触型トランジスタに直接的には関わっていません。同じベル研究所でリーダーとして半導体の研究に従事していましたが、ショックレーは電界効果型での実現を目指していました。ところがなかなかうまくいかないでいるうちに、バーディーン、ブラッテンらが点接触型の開発に成功してしまったのだそうです。研究の方向性だけではなく、実は二人とショックレーは人間関係もあまり合わなかったといわれています。

1949年、ショックレーは動作が

不安定であった点接触型に対し、接合型を提案し、1951年に試作を発表しています。この接合型トランジスタが現在のトランジスタの原型となっています。

トランジスタが量産され、実際に使えるものになるのは1960年代に入ってからですが、ベル研究所は電話特許が切れたあとの社運をかけてトランジスタの開発を行っていましたし、活路を見出していた大陸横断電話のために「耐久性・信頼性の高いトランジスタ」は必須のパーツでした。

結果的に現在につながるエレクトロニクス時代の幕を開けたという意味でも、このトランジスタの開発は非常に大きな発明でした。

点接触型トランジスタ

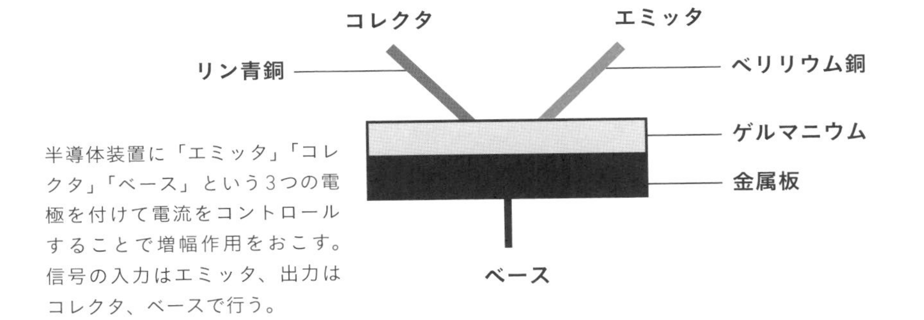

半導体装置に「エミッタ」「コレクタ」「ベース」という3つの電極を付けて電流をコントロールすることで増幅作用をおこす。信号の入力はエミッタ、出力はコレクタ、ベースで行う。

接合型トランジスタ

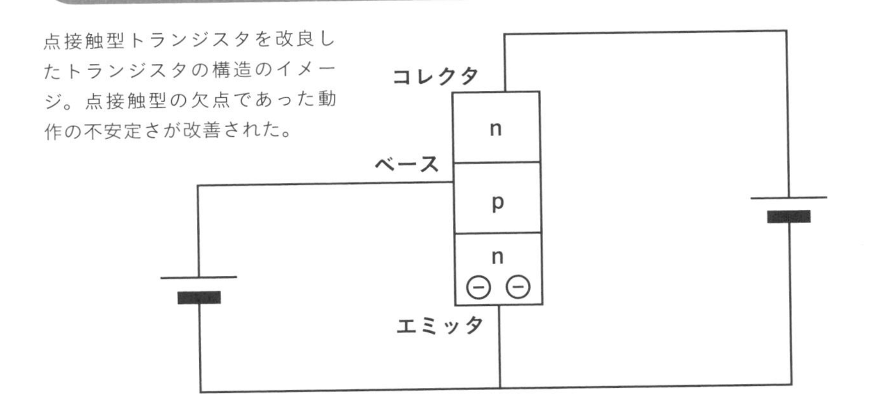

点接触型トランジスタを改良したトランジスタの構造のイメージ。点接触型の欠点であった動作の不安定さが改善された。

半導体は何でできている？

半導体の材料には単元素半導体と化合物半導体の２種類があります。

つくる材料で分けると、半導体は単元素半導体と化合物半導体に分類されます。

半導体の代表的な材料としてはシリコンがありますよね。

はい。シリコンは単元素半導体の代表格です。元素名はケイ素、元素記号はSi。ケイ素は地球上に大量に存在しますから、安価で入手しやすいです。基本的には、ケイ石という酸化物として存在しています。

そのケイ石から半導体をつくるのですか？

その通りです。ケイ石を融かして**金属シリコン**にし、そこから**多結晶シリコン**、さらに**単結晶シリコン**にして、半導体デバイスの基板となります。現在主流のMOSトランジスタに必須となる絶縁層「シリコン酸化膜（SiO_2）」を生成しやすいということも、シリコンが原材料として用いられる理由の１つです。

▶ 金属シリコン
酸素とケイ素からなるケイ石を還元して取り出した金属ケイ素のこと。金属ケイ素の製造には膨大な電力が必要となる。

▶ 多結晶シリコン
金属シリコンからつくられる。「ポリシリコン」あるいは「poly-Si」、「mc-Si」とも呼ばれる。単結晶シリコンの原料として使用されるが、極めて高い純度（99.999999999%、いわゆる「イレブンナイン（11N)」）が必要となる。

▶ 単結晶シリコン
多結晶シリコンを加熱・溶融し、種結晶をベースに溶液を固化させることで、単結晶シリコン「シリコンインゴット」を生成する。シリコンインゴットをスライスしたものがシリコンウェハになる（半導体チップの基板）。

単元素半導体と化合物半導体

2種類以上の元素が結合してできる半導体を化合物半導体といいます。GaAs（ガリウムヒ素）やInP（インジウムリン）など高周波デバイスや光半導体として使用されています。

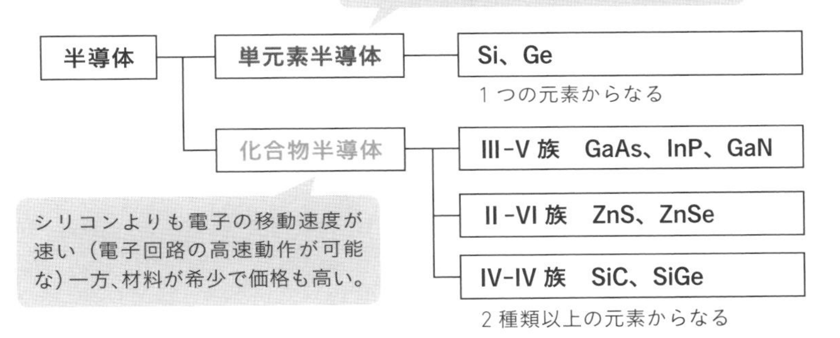

化合物半導体の代表

- 炭化ケイ素（SiC）
- ガリウムヒ素（GaAs）
- 窒化ガリウム（GaN）

半導体の材料「シリコン」の性質

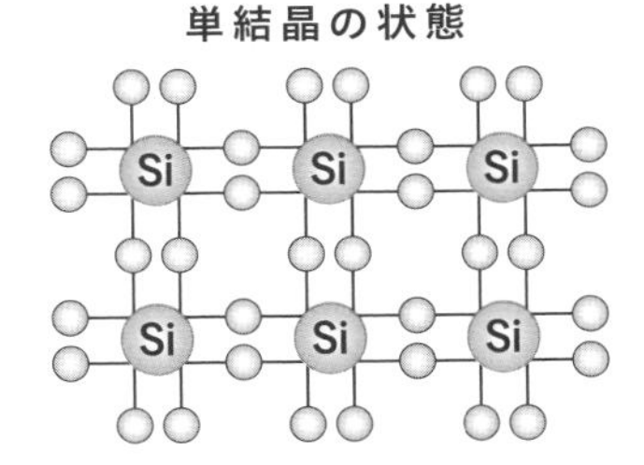

Siは原子核の周囲に14の電子を持つ（最も外側の軌道に4つの電子）。

原子核が電子を共有して結び付くため、ほとんど電気を通さない。

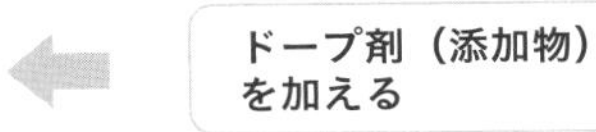

電流が流れる

添加する不純物の種類によってp型半導体、n型半導体とつくり分けることができる（P.52参照）。

違いを押さえる!

n型半導体とp型半導体

n型半導体、p型半導体とつくり分けて、さまざまなデバイスに活用しています。

半導体は、添加する不純物の種類によってn型半導体とp型半導体とにつくり分けることができます。ここでは「n型」と「p型」の違いを押さえておきましょう。

まず、「物質が電気を通す」とはどういうことでしょうか？ 物質は原子核の周囲に電子を持ちます。基本的に電子は原子核と強く結び付き、動くことができません。ところが、ある条件下で原子核との結び付きから解放され、自由に動ける電子が出てきます。電気を通すというのは、つまり電圧をかけることによって電子が移動し、電流が流れるようになることです。また、P.44～P.45で「電気抵抗率は物質のバンドギャップによって決まる」と述べましたが、バンドギャップとは電子が存在できない領域のことです。

物質（結晶）の電子エネルギーの状態は、電子が自由に移動できる「伝導帯」と、電子は存在するがほとんど自由に移動できない「価電子帯」、伝導帯と価電子帯の間で電子が存在できない「禁制帯」という3つのバンドで表すことができます。そこで温度などによって電子エネルギーの準位が上がると、価電子帯から伝導帯へと電子が飛び出して自由に動き回る（電流が流れる）ようになるというわけです。

自由に動ける電子を自由電子と呼びますが、不純物として別の物質を加えることで、電子を伝導帯へとジャンプしやすくし、自由電子を増やすことができるのです。シリコン単結晶にリンやヒ素などを添加すると、負の電荷を持つ自由電子が移動することで、電流が流れるn型半導体になります。一方、ホウ素、アルミニウムなどを添加すると、電荷を運ぶキャリアとしてホール（電子が移動して空いた穴）を用いるp型半導体になります。n型ではプラスの電極へ向かって、p型ではマイナスの電極へ向かって電流が流れます。この性質を利用して、n型とp型を組み合わせ、さまざまな半導体デバイスが実現しているのです。

半導体のバンド構造

物質の原子が多数集まって結晶を構成すると、そのエネルギー準位によって3つのバンド（帯）をつくります。バンドギャップ（禁制帯）が小さいと、エネルギー準位が上がることで、価電子帯から伝導帯へ電子が飛び出します。

伝導帯のみの場合

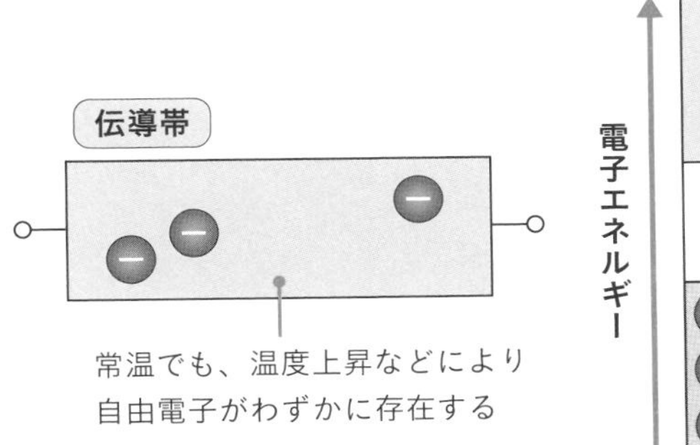

エネルギーバンドの場合

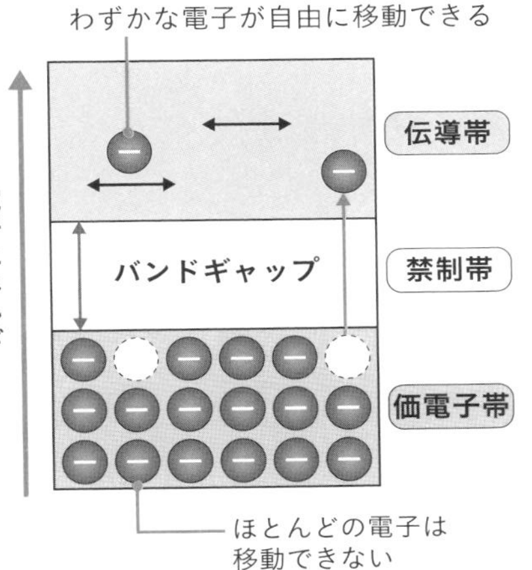

n型半導体とp型半導体

電子が自由に移動できる設計。電圧をかけることで電流を流すことができる。

シリコン
Si
価電子4個
＋
リン
P
価電子5個
添加物としてのリンの例
n型半導体

ホウ素を加えることで電子の欠落した穴をつくる。そしてp型半導体に電圧を加え、その穴に電子を移動させる。

シリコン
Si
価電子4個
＋
ボロン
B
価電子3個
添加物としてのボロン（ホウ素）の例
p型半導体

さまざまな形で提供される半導体デバイス

半導体デバイスは高集積化したICやLSIと、単体で用いるディスクリート半導体に大きく分けられます。

普段は電気製品の中に入っている半導体ですが、どのような製品があるかわかりますか？

IC（集積回路）、**LSI（大規模集積回路）**がそうですよね？

ICやLSIはトランジスタを中心に電子回路構成部品を数個から数万個以上集積した単一の製品で、半導体デバイスの代表格です。さまざまな種類があり、たとえば「安定した電圧を供給する」「データ通信に伴う変調を行う」「プログラムの演算を行う」など、特定の役割を果たします。ICに配置される半導体を半導体素子と呼びますが、半導体素子を用いて電気回路を高集積化・微細化することで電子機器は発展してきました。

ほかにどんな種類がありますか？

個別の電子部品として製造・販売されるトランジスタやダイオードに代表される、**ディスクリート半導体**などがあります。

▶ **IC（集積回路）**
Integrated Circuitの略。シリコンウェハ（半導体基板）上に、トランジスタや抵抗、コンデンサなどの機能を持つ半導体素子を配線した回路のこと。

▶ **LSI（大規模集積回路）**
Large Scale Integrationの略。基本的にはICと同義で、半導体素子の集積度が1000個以上のものを指す。

▶ **ディスクリート半導体**
1つの半導体素子で構成された、単一の機能を持つ半導体デバイスのこと。個別半導体ともいう。ディスクリート半導体を用いてプリント基板上に電気回路を組み、システムやアプリケーションを構成する。

半導体のデバイス分類

半導体デバイスは構造により、いくつかのグループに分けて考えることができます。

半導体デバイス

ディスクリート半導体

ダイオード
トランジスタ

光半導体

- **発光デバイス**
  LED
  レーザダイオード
- **受光デバイス**
  フォトダイオード
  撮像素子
- **光複合デバイス**
  フォトカプラ
  フォトリレー

センサー／アクチュエーター

温度センサー
圧力センサー
加速度センサー
磁気センサー
アクチュエーター

IC（集積回路）

- **モノリシックIC**
  MOSマイクロ
  ロジック
  MOSメモリ
- **ハイブリッドIC**

世界的統計機関「WSTS」による分類

オプトエレクトロニクス

ディスプレイ
ランプ※1
カプラ／アイソレータ
レーザ
イメージセンサー※2
赤外線

センサー／アクチュエーター

温度
圧力
加速度
磁気、ジャイロ
アクチュエーター

ディスクリート半導体

ダイオード※3
スモールシグナル＆スイッチングトランジスタ
パワートランジスタ※3
サイリスタ
レクティファイヤ

インテグレイテッドサーキット

アナログ（Amp／Comp、Interface、Power M、Comm、RFID）
MOSマイクロ（MPU、MCU、DSP）
トータルロジック（FPGA、Gate Array、汎用ロジック）
MOSメモリ※4（DRAM、Flash、SRAM、Mask type）
トータルASP※5（大規模SoC、ASSP）
トータルIC（小規模SoC）

※1～※5は近年、革新的に進化しているデバイス群。細かくは次のような種類がある。
※1 **ランプ**：LED～μLEDのアレイ化／面発光・偏光制御
※2 **イメージセンサー**：超高画素高集積、画処理SoCとの一体化チップ＆モジュール
※3 **ダイオード、パワートランジスタ**：新素材半導体
※4 **MOSメモリ**：高層階構造チップ、3次元モジュール
※5 **トータルASP**：最先端微細化、チップレット／3次元パッケージ

デジタル機器を支えるICの種類

ICによって複雑な演算やタスクを実行することが可能になりました。

電気回路を小さな**シリコンウェハ**に収めることで電気製品を小型化・ローパワー化でき、電子回路として複雑な演算やタスクを実行することができるようになりました。これがICの役割です。ちなみにICは、機能によって大きくロジックICとメモリICに分けることができます。

メモリもICなのですか？

そうです。半導体メモリについては次のページで説明します。ここではまず、ロジックICについて見ていきましょう。

ICはさまざまな機能を実現できるということなので、種類が多そうですね。

分類の仕方も複数あるのですが、まずは**信号処理IC**、**マイクロプロセッサ**、**DSP**、**標準論理IC**を覚えていきましょう。いずれもデジタル信号をやり取りするロジックICです。

その4つ、覚えます！

▶ **シリコンウェハ**
半導体デバイスを形成する基板。詳細はP.66を参照。

▶ **信号処理IC**
入力された信号に操作を加えて別の信号に変換して出力するICのこと。

▶ **マイクロプロセッサ**
プログラムの実行に必要な演算回路、論理回路、制御回路を1つの半導体チップに集積したもの。

▶ **DSP**
Digital Signal Processorの略。入力もしくは出力信号がアナログであり、必要な演算処理などをデジタルで行うアナログ・デジタル混合デバイス。

▶ **標準論理IC**
基本的な論理回路を内部に組み込んだICのこと。

1つの半導体に複雑な回路を集積

基板の半導体の表面を加工し、素子や素子による回路を構成したものをモノリシックICといいます。それに対してハイブリッドICは、基板上にコンデンサや抵抗、トランジスタなどの個別の半導体を配置し、金属配線で接続しています。

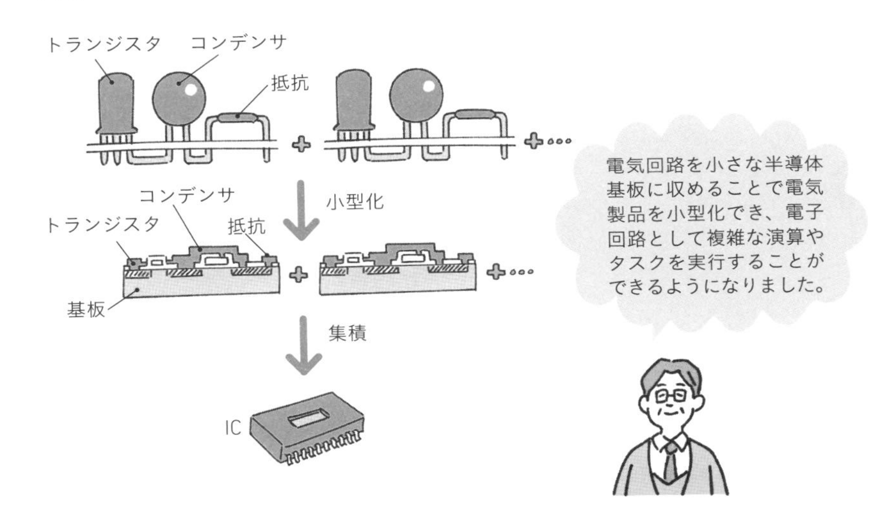

ICの分類

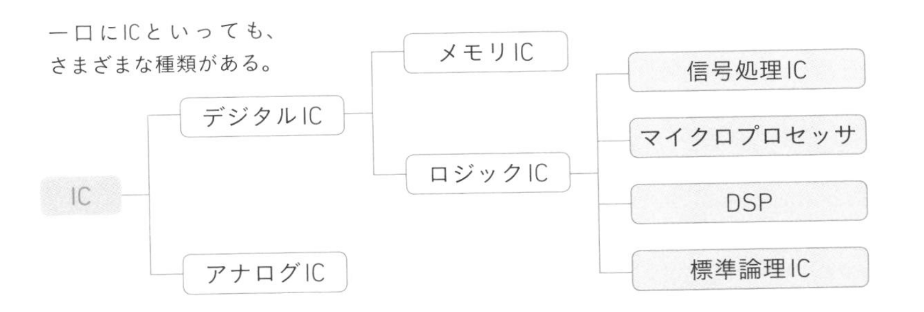

このほか特定用途向けIC

ドライバーIC　：パワーデバイス（パワー半導体）を駆動させる
電源IC　：安定した電源電圧をつくる
無線通信用のIC　：携帯電話やスマートフォンに使われる

データを記憶・保持する半導体メモリ

半導体メモリには大きく分けて揮発性と不揮発性があります。具体的にどんなものがあるか見ていきましょう。

半導体メモリもICの1つです。記憶素子とも呼ばれ、電気的に回路を制御することで、データを保持することができます。

コンピュータやスマートフォン、デジタルカメラなどに使われていますよね？

そうです。デジタル製品の多くに使われています。半導体メモリには、大きく分けて揮発性と不揮発性があり、電源を切ったときに記憶・保持した内容が失われるものを揮発性メモリ、失われないものを不揮発性メモリといいます。

通電していなくても保持できたほうがいいように思いますけど……。

揮発性メモリは通電中しか記憶を保持できませんが、高速で読み書き可能です。たとえばCPUがプログラムの実行に必要なデータを置く**キャッシュメモリ**として使われます。一方で、通電していない状態でもデータの保持が必要な場所には不揮発性メモリが使われるんですよ。

▶ **半導体メモリ**
電子回路を電気的に制御することでデータを記憶・保持する半導体デバイスのこと。

右ページに主な半導体メモリの特徴をまとめました。

▶ **キャッシュメモリ**
ストレージとは違い、データを保持できるわけではない。

半導体メモリの分類

半導体メモリは、電源を切ると内容が失われる揮発性と、内容を保持できる不揮発性に大きく分けられ、それぞれ用途が異なります。

項目	揮発性		不揮発性				
	SRAM	DRAM	FeRAM	Mask ROM	EPROM	EEPROM	FLASH
データ保持方法	電圧印加	電圧印加 ＋ リフレッシュ	不要				
読出し回数	∞	∞	100億〜 1兆回	∞	∞	∞	∞
書換え可能回数	∞	∞		0回	100回	10万〜 100万回	1万〜 10万回
基板上での書込み	可能	可能	可能	×	×	可能	可能
読出し時間	◎	◎	○	○	○	○	○
書込み時間	◎	◎	○	-	△	△	△
ビットコスト	△	○	△	◎	△	△	◎
大容量化	○	◎	△	◎	△	△	◎

■揮発性メモリ

SRAM（Static RAM）

自由にデータの読出し/書込みが可能な半導体メモリ。電源を切らない限り、一度書き込んだデータは記憶され、再書込み（リフレッシュ）は必要ない。

DRAM（Dynamic RAM）

自由にデータの読出し/書込みが可能な半導体メモリ。データの保持のために再書込み（リフレッシュ）を繰り返す必要がある。

■不揮発性メモリ

FeRAM（Ferroelectric RAM）

EEPROMやFLASHなどの不揮発性メモリと比較して高速で動作できるという特長を持つ。

EPROM〔UV-EPROM〕（Erasable Programmable ROM）

基本的には、書換え不可のROMだが、紫外線を照射することでデータを消去して書き換えることができる。

Mask ROM

製造工程で書き込まれた状態で出荷され、ユーザーによる書込みが（消去も）できない読込み専用のメモリ（Read Only Memory）。

EEPROM〔Electrically-Erasable Programmable ROM〕

高い電圧を印加することでデータを書き換えることができる。

FLASH

フラッシュROM、フラッシュEEPROMとも呼ばれる。MOSFET＋フローティングゲートと呼ばれる半導体素子構造を利用し、ある単位で束ねてデータの書込み、読出しの管理を行う。パソコンやスマートフォンの記憶装置として使われるSSDやNANDはこのフラッシュメモリの1種。

単体の半導体素子であるトランジスタとダイオード

ディスクリート半導体の代表であるトランジスタとダイオードについて詳しく見ていきましょう。

集積化しなくても機能したり、**プリント基板**で所望の回路を組むときに使われるのが**ディスクリート半導体**です。

回路……ですか？

はい。先にICの話をしましたが、集積回路が登場する前まではこちらが主流でした。現在は半導体製品の約8割が集積回路になっています。

ディスクリート半導体といえば、トランジスタやダイオードでしたよね。

そうです。ここでは、トランジスタとダイオードの役割について解説しましょう。トランジスタは回路の中で「オンとオフを切り替えるスイッチ」や「信号を増幅させるアンプ」として機能します。一方、ダイオードは電流を一方向のみに流す特性を使って「電気の流れを整える」「直交変換や電流の逆流を防止する」などのしくみに使われます。

▶ **プリント基板**
抵抗器やコンデンサ、半導体などの部品を配線する際に用いられる基板のこと。絶縁層の板に導体の配線を配置したもので、プリント配線板や電子回路基板、基板、PCBとも呼ばれる。

▶ **ディスクリート半導体**
ディスクリート半導体にはトランジスタ、ダイオード、サイリスタがある。詳細はP.54を参照。サイリスタとは、スイッチングにより電流制御を行う電子部品で、大きな電流に耐えられることから大電流回路の電力制御に用いられる。

トランジスタとダイオードの機能

トランジスタ

電気信号の増幅作用

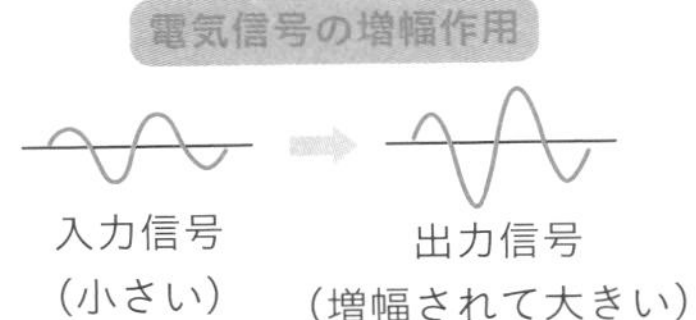

スイッチング作用（回路のオンとオフ）

トランジスタは電気信号を大きくする増幅作用と回路のオンとオフを切り替える作用（スイッチング作用）の２つの働きをする電子部品。

ダイオード

整流作用　検波作用　定電圧作用

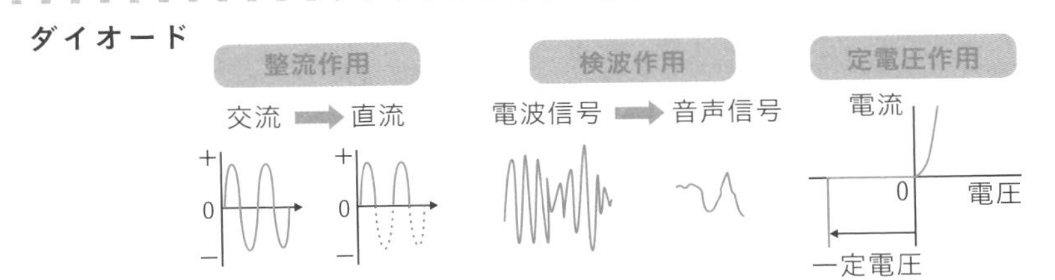

ダイオードは電気の流れを一方通行にする電子部品。この性質を利用して、交流から直流へ変換する整流作用、無線放送の電波信号から音声信号や画像信号を取り出す検波作用、一定電圧に達すると定電圧で電流を流し続ける働きをする。

トランジスタの種類

トランジスタを構造で分類してみると、たとえば次のようになる。

- トランジスタ
  - バイポーラトランジスタ
    - バイポーラトランジスタ
    - 抵抗内蔵型トランジスタ
  - 電界効果トランジスタ
    - 金属酸化膜型電界効果トランジスタ（MOSFET）
    - 接合型電界効果トランジスタ（JFET）
  - 絶縁ゲートバイポーラトランジスタ

高電力、高い絶縁破壊強度、高周波、高温・高信頼性など、それぞれの用途・使用シーンに最適な特性を持つトランジスタを目指しさまざまな構造が開発されてきた。

高い電圧も扱える
注目の半導体「パワー半導体」

パワー半導体は、電気自動車に欠かせない半導体デバイスとして注目されています。

演算や記憶に使われるマイクロプロセッサやメモリなどの半導体に対し、電力の制御や変換を行うトランジスタやダイオード、サイリスタを「パワー半導体」と呼びます。高電圧、大電流を扱えることが特徴で、小電力のパワートランジスタ、パワーダイオードなどがICに集積されるようになってきたことから、近年になって数十V以上を扱うディスクリート半導体を指して、パワー半導体と呼ぶようになりました。

ひとまず「パワー半導体とは高い電圧、大きな電流に対しても壊れないような構造を持つ半導体」だと考えておけばよいでしょう。具体例として、たとえば1980年初頭に登場した「絶縁ゲートバイポーラトランジスタ(Insulated-Gate Bipolar Transistor、略してIGBT)」が挙げられます。IGBTは電力変換や制御アプリケーションにおいて大きな進歩をもたらしたパワー半導体の1つです。

その機能は大きく「交流と直流の変換」「電圧や電流の制御」「周波数の制御」の3つに分けられます。パワー半導体は、工場や作業現場で使われる大型産業機器、電気自動車・ハイブリッド車、鉄道車両、太陽光発電、大型家電などさまざまな分野で使われています。環境への問題意識が高まっている現在、特に注目されているのが電気自動車、ハイブリッド車への活用です。

パワー半導体の課題は動作効率で、高い電圧や大きな電流を扱うと損失による発熱の量も増加し、その量に応じて電力が失われてしまいます。この放熱も大きな問題ですが、いかに電力の損失を少なく抑えるかという効率的な電力の制御も課題となっています。

現在のシリコンウェハをベースにした半導体技術はすでに限界値に達したという見方もあり、次世代の半導体技術とそれによるパワー半導体の進化への期待が高まっています。

パワー半導体の機能と用例

パワー半導体は、電気回路を持つすべての製品に用いられます。

変電・送電・配電システム	鉄道車両	太陽光発電	データセンター
電力損失低減、交流・直流変換	モーター制御の高効率化、省エネ・軽量化	効率化、高効率小型化、直流・交流変換	DC配電、UPS（無停電電源装置）システム

DC送配電システム	ICT機器	白物家電	エッジサーバー
超高圧DC送配電	ACアダプタ小型化	インバーター化による省エネ・精細なモーター制御	消費電力削減、小型・薄型化

パワー半導体を電気自動車へ応用する

プラグインハイブリッド車／バッテリー式電気自動車に使用されているパワー半導体の一部を紹介します。

車両電動化によって、パワー半導体の搭載量が増加。

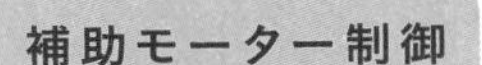

補助モーター制御

IPM、PIM、モータードライバー、MOSFET、IVM

充電回路

IGBT、SiC FET、PIM、DC-DCコンバーター

メインドライブ（内燃エンジンに相当）

IGBT、SiC FET、PIM、DC-DCコンバーター、IVN

始動発動機

MOSFET、パワーモジュール、ゲートドライバー、電流検出

電源回路

MOSFET、SiC、GaNパワーモジュール、DC-DCコンバーター

COLUMN

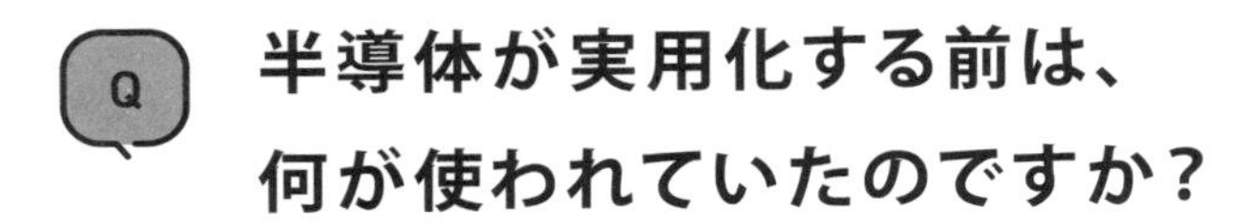

半導体が実用化する前は、何が使われていたのですか？

A　真空管（P.48参照）が電子機器の部品に使われていました。

真空管とは電子を放出する部品で、電子管や電子バルブとも呼ばれます。限りなく真空に近い状態にしたガラス（あるいは金属）の容器に電極（陰極）を入れ、高温にすることで電子を放出させます。熱陰極から放射された電子が陽極に向かって流れることで動作し、電流の制御や増幅を行うことができます。

電圧の制御は、「グリッド」と呼ばれる網状のシートで行います。グリッドを取り囲む「プレート」という板状の金属から、増幅された信号を取り出すしくみです。

真空管には種類があり、二極管の真空管は、1904年に電気技術者・物理学者であるジョン・フレミングによって発明されました。その後、リー・ド・フォレストが1906年に三極管を発明し、1910年代には生産が始まります。

そして真空管が実用化されると、電子機器やコンピュータなどに使用されました。大量の機能が組み込まれた大規模な電子機器やコンピュータなどには、多数の真空管が使用されるため、装置のサイズも大きくなります。ごく初期のコンピュータ「ENIAC」では、部屋いっぱいに真空管が並んでいたといわれます。

第3章

半導体の製造

さまざまな種類の半導体がありますが、
製造には高い専門技術が求められます。
ここでは製造の基本的な流れを紹介します。

半導体チップの製造工程

半導体チップの製造工程は大きく、「設計工程」「前工程」「後工程」の3つに分けることができます。

ICやLSIは半導体チップと呼ばれ、その製造工程は、大きく3つに分けられます。はじめに「設計工程」、次に「前工程」、そして「後工程」です。

まずは設計する必要があるということですね。

そうですね。さまざまな機能を持つ半導体デバイスを組み合わせて半導体チップとしての機能を実現していくので、そのための回路を設計します。

どうやって**シリコンウェハ**上に回路をつくっていくのですか？

シリコンウェハ上に回路をつくるには、写真印刷技術を応用したフォトリソグラフィという技術を使います。この技術についてはP.72で詳しく解説しますね。なお、LSIでは超微細加工を行う精密な製造機器により、ICの小型化・高密集化が進んでいます。

▶ **IC**

詳しくはP.54を参照。数ミリ〜十ミリ角のシリコン（Si）上に、トランジスタやダイオード、コンデンサなどをつくり込み、相互に配線したもの。

▶ **LSI**

詳しくはP.54を参照。数千以上の素子からなるICより集積度が高い複雑な電子回路のこと。10万個以上をVLSI、1000万個以上をULSIと呼び分けていた時期もあるが、現在はこれらすべてをLSIと呼ぶ。

▶ **シリコンウェハ**

多結晶シリコンに不純物を加えて単結晶のシリコンインゴット（P.68参照）をつくり、それをスライスした円盤状のもの。この基板に半導体素子を形成していく。

半導体チップの製造工程

半導体チップの製造は、まず設計が行われ、続いて前工程、後工程と進みます。設計工程についてはP.70で詳しく説明します。

設計工程	前工程	後工程
半導体回路の構成を決め、シリコンウェハ上のレイアウトを検討する。	半導体回路をシリコンウェハの表面に形成し、単一チップをつくる。	チップをパッケージに封止して最終検査をする。

開発時期
（1か月〜1年と幅がある）

製造工程
（3〜6か月の所要期間がある）

前工程〜完成までのおおまかな流れ

シリコンインゴットからシリコンウェハを切り出したら前工程に入ります。その後、ダイシングから後工程に入ります。

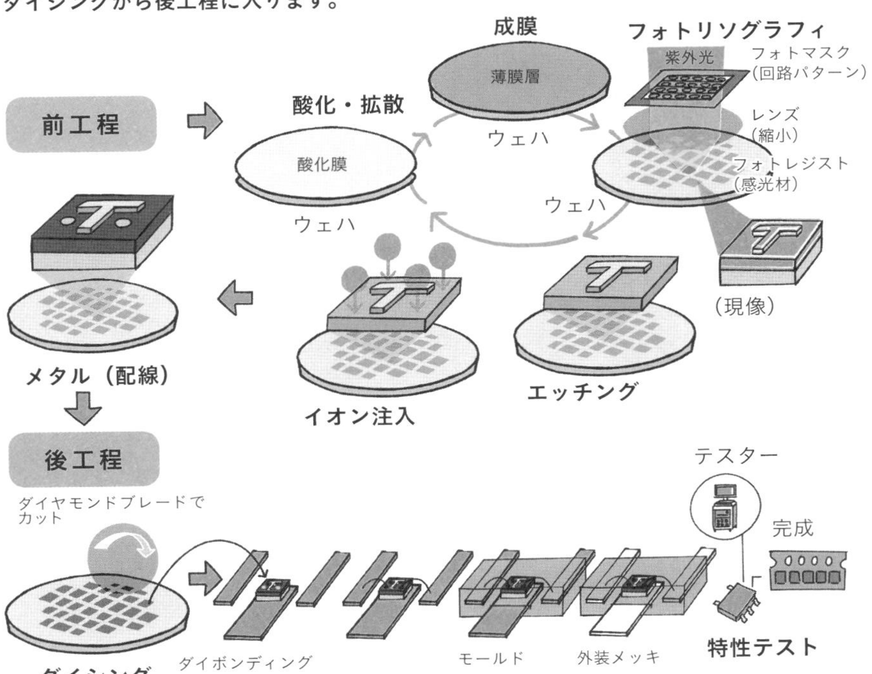

シリコンウェハができるまで

半導体チップの基板となるシリコンウェハは、シリコンインゴットをスライスしてつくられます。

先生、**シリコンインゴット**からシリコンウェハをスライスするまでの工程を教えてください。

シリコンインゴットの製造にはチョクラルスキー法（以下、CZ法・右上図）が使われます。まず、多結晶シリコンと不純物を一緒に溶融します。融液に種結晶を接触させ、ルツボをゆっくり回転させながら徐々に引き上げていくと、種結晶の下に単結晶シリコンが成長します。これがシリコンインゴットです。これをスライスし、表面を**機械的、化学的に研磨**すると、シリコンウェハの完成です。

シリコンウェハってどのくらいの大きさなんですか？

実用化されている中では300 mmが最大です。このシリコンウェハに対し、イオン注入装置で不純物ガスをイオン化して注入することで、n型／p型半導体領域を生成します。

▶ **シリコンインゴット**
シリコンを高温で融かしてつくった円柱状の塊のこと。

▶ **機械的、化学的に研磨**
シリコンウェハの表面にナノレベルの素子を形成するため、その表面は非常に高い平坦度と、鏡面のような仕上がりが求められる。専門の研磨機による研磨に加えて、薬剤を用いた化学的作用による研磨が行われる。

CZ法によるシリコンインゴットの製造

シリコンインゴットはCZ法で製造します。CZ法は、結晶の育成法の1つです。容器の中で原料を融かし、融液から種結晶を使って結晶を成長させます。シリコンインゴットのような、大きな単結晶を成長させることに適していますが、種結晶を引き上げる際は厳しい温度制御が必要です。

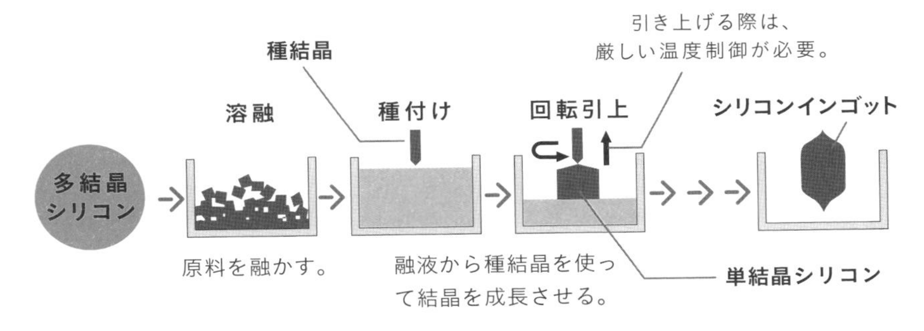

CZ炉構造図

多結晶シリコンと不純物を溶融した融液に「種結晶」を接触させ、「ルツボ」を回転させながら種結晶を引き上げていくと、種結晶の下に単結晶シリコンが成長します。これがシリコンインゴットです。

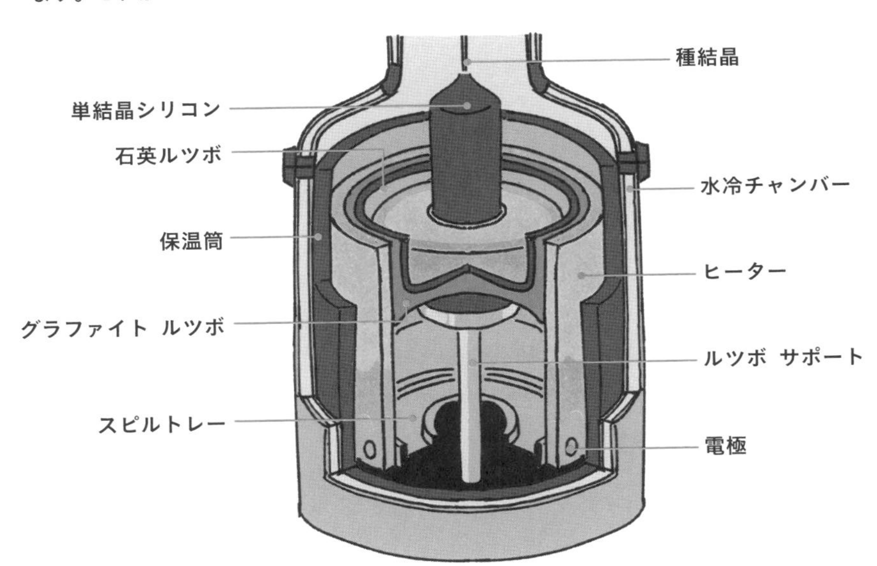

半導体の機能を決定する設計工程

設計工程では、半導体の機能を決めます。その後、回路をつくり、シリコンウェハ上のレイアウトへ進みます。

設計工程では、要求される機能を満たす回路を検討する「**機能設計**」、回路図をつくりテスト・検証を行う「**論理設計**」、素子の配置や配線レイアウトを行う「**物理設計**」の順に進めます。

機能設計では、そのデバイスに持たせる機能を設計するということでしょうか？

デバイスにどんな動作を担わせるのか、求めるの仕様や機能を実現するために、入出力の流れを決定します。

論理設計は回路の設計ですか？

「0」と「1」の2進法による入力信号をもとに、膨大な論理演算を行う回路を設計します。回路が決定したら、シリコンウェハ上にどう配置するか、配線をどうするかといったレイアウトを検討する物理設計を行います。その後、前工程に進みます。いずれの工程も、テストや検証も含めて自動化されています。

▶ **機能設計**
システムの仕様に基づき、ICやLSIにどのような機能を持たせるかを設計する。複雑なシステムの場合、全体を機能ごとのブロック（論理素子＝論理演算を行う機能の集まり）に分けて設計し、合成する。

▶ **論理設計**
機能ごとのブロックを回路として表現する。

▶ **物理設計**
ICやLSIを構成するための配線を決定する。物理設計を終え、やっとデバイスの電気特性を割り出すことができる。

設計工程の流れと回路図

設計工程は、おおよそ次の図のように進みます。設計の工程ごとに、表現される回路図や表現表現が異なるので、並べて理解しておきましょう。一連の設計が終わるとシミュレーションが行われ、不合格のものは、回路設計や物理設計をし直します。

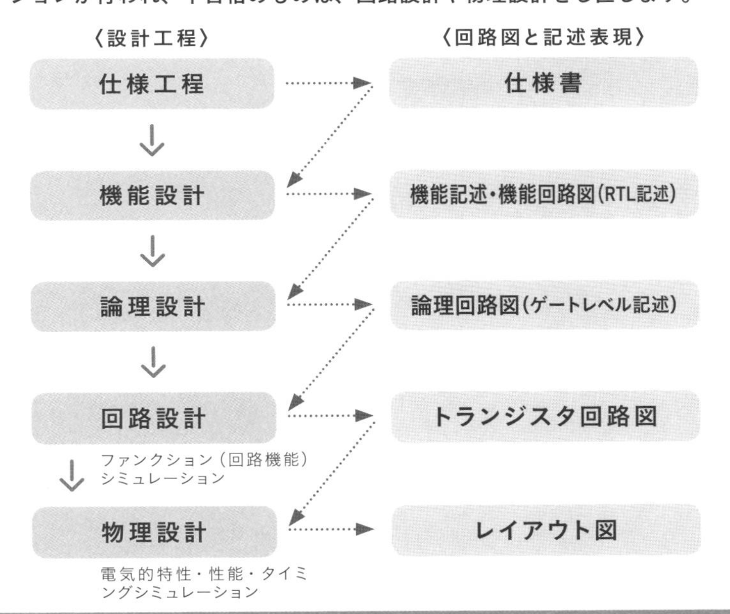

回路図の種類と例

機能記述・機能回路図

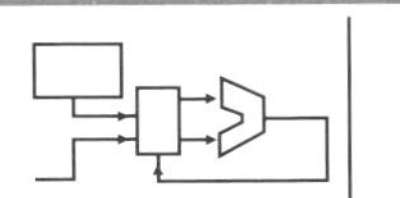

各機能の処理内容を表したもの。

論理回路図

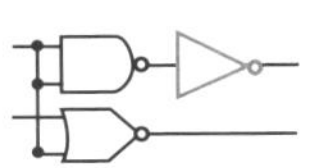

電流の流れる方向がわかる。

トランジスタ回路図

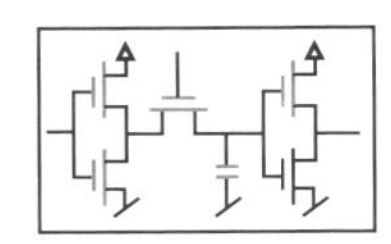

トランジスタはスイッチの役割を果たす。

レイアウト図

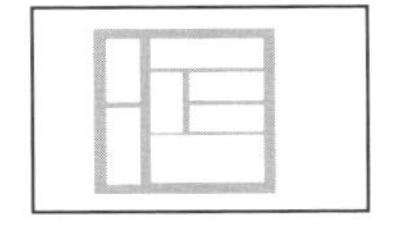

半導体の図面のこと。

シリコンウェハの表面に電子回路を形成する

前工程ではフォトマスクの回路パターンをシリコンウェハに転写して現像します。

設計工程で回路とレイアウトが決定したら、フォトリソグラフィという技術を使い、シリコンウェハに回路を形成します。

フォトリソグラフィについて詳しく教えてください。

写真印刷の技術を応用したものです。光の**露光**によって材料の性質が変化する性質を使い、シリコンウェハに回路を形成する技術です。

写真はネガフィルムを露光させて印画紙に転写しますよね。

フォトリソグラフィでは、回路設計の最後に作成した**フォトマスク**がネガフィルムに相当します。前工程の処理をざっくりいうと、まずシリコンウェハに成膜した**薄膜層**に感光材（フォトレジスト）を塗布し、フォトマスクの回路パターンを露光・現像します。その後、不要な膜を除去するエッチング（右図）を行い、半導体領域を生成したら完了です。

▶ **露光**
フィルムや乾板などの感光材料、およびCCDやCMOSなどの固体撮像素子に対して、レンズを通した光を当て感光させること。

▶ **フォトマスク**
ガラスなどの透明な基板上に光を遮断する材料（クロムなど）で回路のパターンを転写したもの。

▶ **薄膜層**
広義では薄い膜のこと。半導体製造プロセスでは、シリコンウェハの表面に10nmから1000nm程度の絶縁膜（酸化シリコン膜など）を成膜し、フォトリソグラフィで露光させ、エッチング・イオン注入の工程を繰り返すことで薄膜層を重ねていく。

前工程の流れ

前工程とは、シリコンウェハの表面にトランジスタ、ダイオード、抵抗を集積し、LSI（大規模集積回路）などをつくる工程です。シリコンウェハとフォトマスクを用います。

① 表面の酸化・成膜

表面保護の酸化膜と、トランジスタなどになる薄膜層を形成。

② フォトレジスト塗布

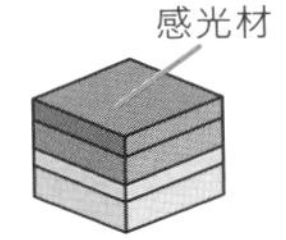

形成した薄膜層の上に感光材（フォトレジスト）を塗布。

③ 露光・現像

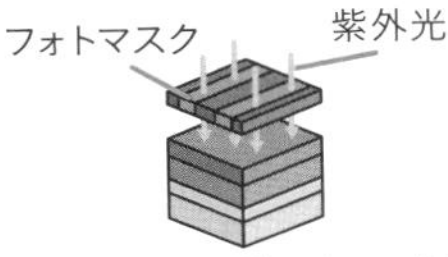

露光装置で回路パターンを転写し、不要な感光材を融かす。

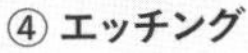

④ エッチング

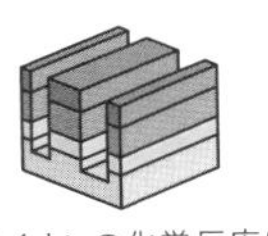

薬品やイオンの化学反応により不要な膜を除去。

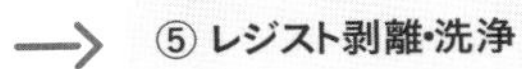

⑤ レジスト剥離・洗浄

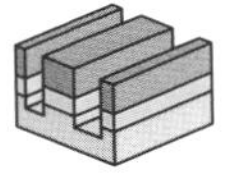

不要な感光材を除去し、洗浄装置で表面の不純物を取り除く。

⑥ イオン注入

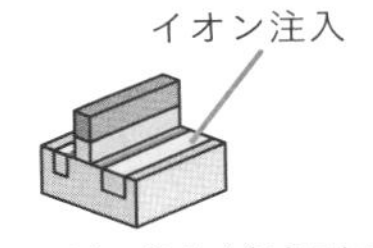

表面へのイオン注入を行うことで電子が流れるようにする。

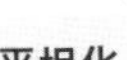

⑦ 平坦化

表面を研磨し、回路パターンの凹凸をなくす。

⑧ 配線

表面に電極配線用のアルミニウム金属膜を形成。

⑨ 検査

シリコンウェハ上のチップごとに良・不良を検査する。

フォトリンググラフィ～エッチングの工程

波長365nmのスペクトル線、波長248nmのエキシマレーザなどを用いる。最新の微端細描画では波長13.5nmの極端紫外線（EUV）を照射することで回路パターンを形成できる。

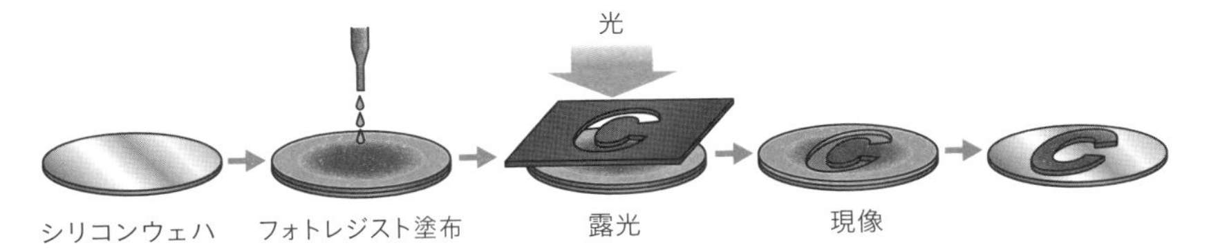

薄膜層の上に「フォトレジスト」と呼ばれる感光性の有機材料を塗布し、電子回路のパターンが描かれている「フォトマスク」をかぶせます。

チップに切り分けて組み立てる

後工程ではまず、シリコンウェハに形成されたICやLSIを1つずつチップに切り分け、組み立てていきます。

前工程の次は後工程です。1枚のシリコンウェハから数百個～数千個のIC/LSIができ、これを1つひとつの**ダイ**（チップ）に切断していきます。これをダイシングといいます。

一度につくって小分けにすることでコストを削減しているのですね。

前のページで前工程の大枠を紹介しましたが、実際には**400以上もの細かな工程**が必要で、完了まで数か月かかることもあるんですよ。

そんなに!?　ちなみにシリコンウェハはどのように切るのでしょうか？

一般的には、ダイヤモンドブレードを備えたダイシングブレードやダイシングソーを使って、シリコンウェハから1つひとつのダイに切断します。リードフレームにダイを接着し、電極を接続したら完成です。仕上げに樹脂やセラミックなどに封入します。

▶ **ダイ**

半導体の製造工程において、シリコンウェハに形成した電子回路を切り分けた1つひとつのチップ片のこと。ここでは、後工程の中で「最終的にICに仕上がる」という意味で、ウェハから切り出したものをダイと表現した。

▶ **400以上もの細かな工程**

フォトマスクの枚数にもよる。おおまかには4段階だが、どの段階も多くの工程を踏む。

後工程のおおまかな流れ

後工程には、ダイシングから仕上げ（マーキング）までの5つの工程があります。

①ダイシング

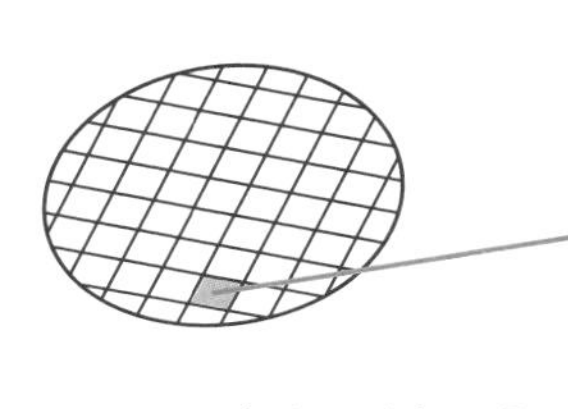

シリコンウェハを１つひとつのダイ（チップ）に切断する。

②マウンティング

ダイ

リードフレーム

切断したダイをリードフレームに固定する。

③ボンディング

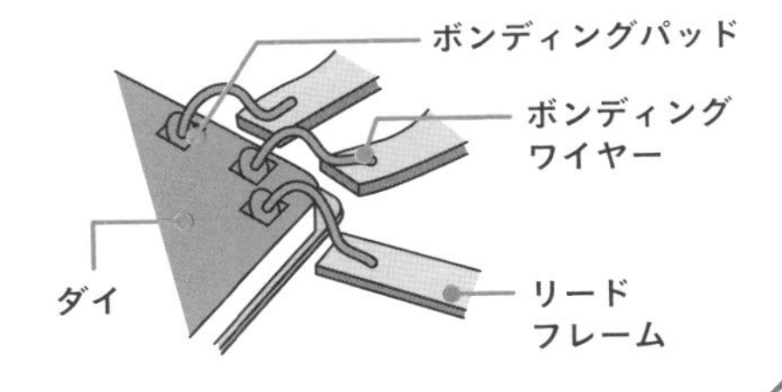

マウントされたダイとリードフレームを金線で接続する。

④モールド

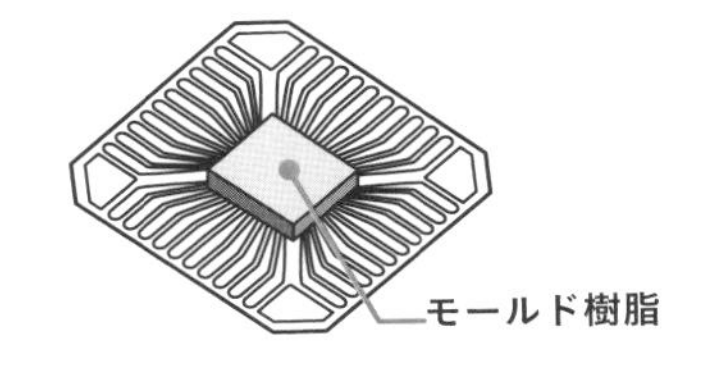

水分やゴミから保護するためにダイを樹脂などに封入する。

⑤仕上げ（マーキング）

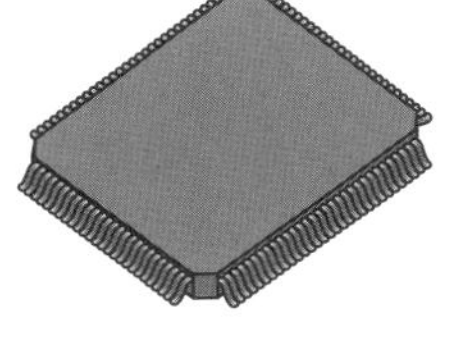

リードフレームの不要部分をカットし、パッケージに分離、その後、型名刻印などのマーキングを施す。

後工程はシリコンウェハから製品を組み立てていく工程です。主に切り分け（ダイシング）、固定（マウンティング）、接続（ボンディング）、封入（モールド）、仕上げ（マーキング）という流れで進みます。

製品としての機能や信頼性を検査する

完成したら初期不良を取り除くための検査と、製品として出荷するための検査を行います。

所定の形状に成形できたら、製品検査（電気的特性検査、外観検査）、信頼性検査（環境試験、長寿命試験）、初期不良の検出（温度電圧ストレス検査）を行います。

ここまで検査は行わないのですか？

前工程でもウェハ検査という検査を行いますよ。

チップの良品・不良品の選別を行う**プロービング**検査ですね。

はい。それに対し、後工程では、製品として出荷するための最終検査として信頼できるものになっているかを見ています。たとえば**ファンクションテスト**です。デバイスが設計範囲内で安定して動作するかどうかを評価します。また、**バーンイン**という高温通電試験を行うことで物理的な劣化メカニズムが加速され、それにより潜在的な初期障害が発生しやすくなり、不良を早期に発見することができます。

▶**プロービング**
プローブ（針）を使ってシリコンウェハの金属配線層やほかの特定の領域に接触させることで、シリコンウェハ上のチップすべての電気的特性を試験する。

▶**ファンクションテスト**
ICやLSIが仕様どおりに動作するかどうかを確認するためのテストのこと。

▶**バーンイン**
機能テスト（ファンクションテスト）を行いながら温度・電圧ストレスの加速試験を行う。高温で連続的に通電することで、電子部品の初期障害を排除できる。

機能や信頼性の検査

前工程と後工程それぞれで検査が行われています。

前工程で行う検査

前工程では、チップが正常に機能しているか、規格に適しているかなどの検査を行う。代表的な検査にウェハ検査がある。

〈ウェハ検査〉

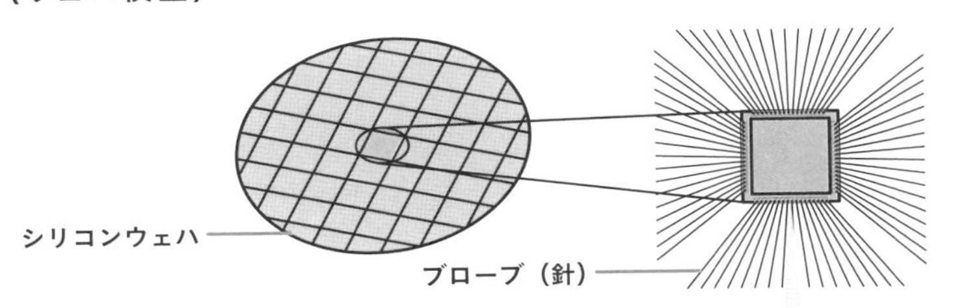

ダイの電気的特性を検査する。

シリコンウェハ上に形成されたダイの電気的特性を検査する。これは、チップの良品・不良品の選別を行うプロービング検査であり、シリコンウェハ上のダイにプローブ（針）で接触し、ダイの電気的特性を調べる。

後工程で行う検査

後工程では、製品として出荷するための最終検査を行う。代表的な検査にバーンインがある。これは、製品検査・信頼性検査の１つであり、機能や電気的特性といったさまざまな要素を検査して、合格すればLSIが完成する。

〈バーンイン〉

機能テスト（ファンクションテスト）を行いながら、温度・電圧ストレスのバーンイン（加速試験）を行う。バーンイン装置では、高温度と高電圧によるストレスをかけることで、劣化を加速させて初期障害を発見する。

バーンイン装置

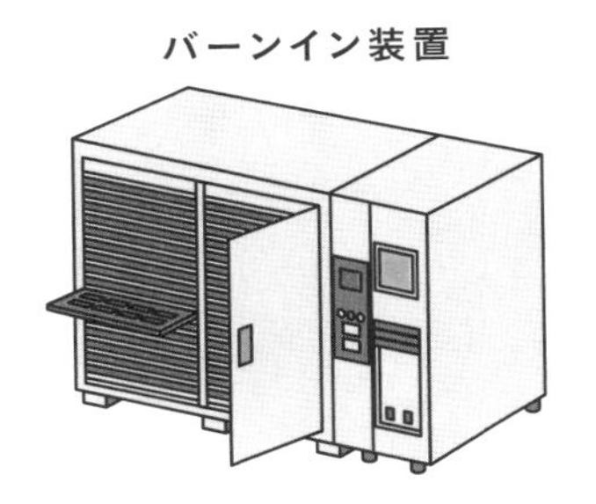

プロセスルールの微細化が進化のカギ

微細化により性能が向上し、小型化が加速しています。半導体は微細化技術とともに進化してきました。

半導体の進化は微細化の技術とともに歩んできたといえます。1965年**ゴードン・ムーア**は「半導体の性能はおよそ2年で2倍になる」という経験則を提唱しました。

実際、半導体産業はムーアの示す法則をガイドラインに技術革新を続けてきたといわれていますよね。

軸になっているのは、半導体の**プロセスルール**を「細く」することです。

プロセスルールって何ですか？

回路の幅や間隔のことだとイメージしてください（右図参照）。配線幅が小さいほどよいとされ、プロセスルールの微細化によって半導体は高性能になるといえます。ただ、演算・記憶の機能に関してはデジタル回路として究極の微細化が進んできましたが、増幅や電力制御にはアナログ回路があり、耐圧性が問われるために微細化はそう簡単なことではありません。

▶ **ゴードン・ムーア**
米国の電気工学者で、インテルの共同創業者。

▶ **プロセスルール**
基本的にはシリコンウェハ上で最小部分の大きさ。各社の製造プロセスや製品により異なる。多くの場合、MOSFET（ICやLSIで一般的に使用される構造）におけるゲート長を意味する。

「ゲート長」と「配線幅」

以前はプロセスルールとしてゲート長が用いられていました。しかし、微細化が進んだ現代では、配線幅を小さくして高性能化されるようになり、プロセスルールも配線幅を指すようになっています。

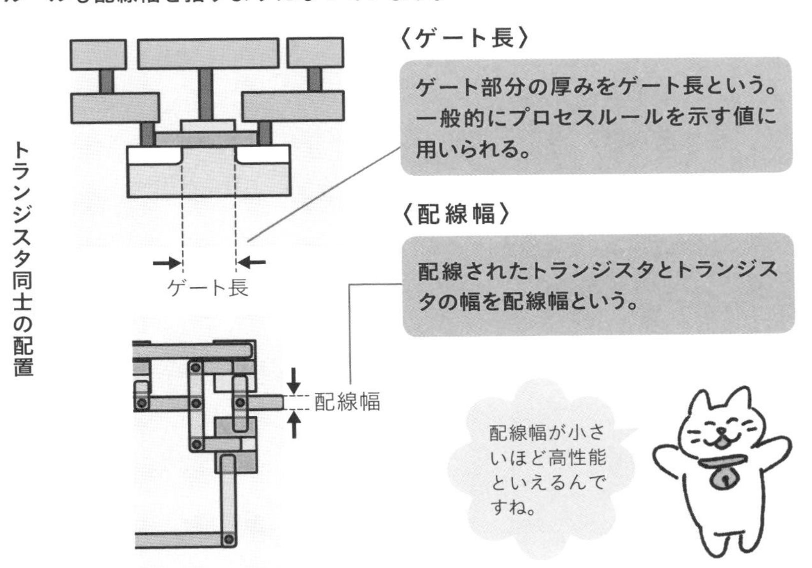

プロセスルールのイメージ

細い筆記用具ほど細かな描写ができる
＝プロセスが小さいほど細かな設計ができる

プロセスルールを筆記用具の太さと考えるとイメージしやすいです。細いものほど細かな描写ができるのと同じで、プロセスが小さいほど、細かい設計ができます。

もっと詳しく！

高度化した微細加工

何度も限界説を乗り越えた「ムーアの法則」

ムーアの法則は、もともと1965年にゴードン・ムーアが『Electronics』に書いた論説「Cramming more components onto integrated circuits」(集積回路へより多くのコンポーネントを詰める)が元になっています。

「今後10年(つまり1975年まで)のIC産業の未来予測」という位置付けの論説であり、ムーアはここで「回路あたりのコンポーネント数が増加するにつれて単価が下がるため、1975年までに単一のシリコンチップ上に65,000ものコンポーネントを詰め込む必要があるだろう」としています。

図A、Bにムーアのこの論説の図を引用しますが、ムーアは集積回路上のコンポーネント数の増加を「1年で倍になる」(two per year)としていました。しかし、その10年後の1975年には「2年ごとに倍になる」と修正しています。現在、ムーアの法則としてよく提示されるグラフは、このときムーアが示した式(P=2n/2)で更新されているグラフです。

さて、半導体製造技術の革新に、このムーアの法則が指針的な役割を果たしたのは本文で述べた通りですが、これまで幾度もその限界説が登場しました。そのたびに新たなトランジスタ構造の発見や新たな構成材料の発明が、ムーアの法則を正しい予測として維持させてきました。これはもう見事というしかないほどです。

しかし、高度化した微細加工に伴う綻びが見えはじめているのも事実です。これもムーアが述べていることですが、実際、製造コストが抑えられるどころか、歩留まりの悪さによりコストを押し上げています。また、P.82で紹介するチップレット技術はまだ一部の半導体製品(高度な処理性能を持つCPUやGPUなど)にしか活用されていませんが、ムーアが描いたグラフを超えて「モア・ザン・ムーア」といわれています。半導体技術が進化していくうえで重要なキーになる技術だといえるでしょう。
　ちなみに、ムーアの法則は基本的には半導体製品（IC）を対象としたものなのですが、半導体技術が現在のICT社会の基盤となっていることから、ICT全体の進化、あるいは情報通信の進化を語る際にも参照されることがあります。

製造コストと集積回路のコンポーネント数

〈図 A〉

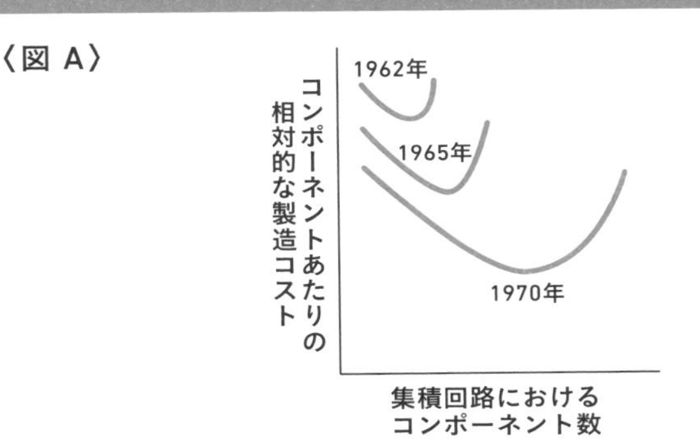

ムーアはこのグラフから「単一の半導体基板上に大規模回路を製造する技術の進化に伴い、コストの優位性は増大し続ける」とする見解を示している。単純な回路の場合、コンポーネントあたりのコストはコンポーネントの数にほぼ反比例するが、より複雑な回路の場合、歩留まりの低下が生じコンポーネントあたりのコストが上昇する傾向がある。

出典：Gordon E. Moore, Cramming more components onto integrated circuits
(Electronics,Volume 38, Number 8, April 19, 1965)をもとに作成

集積回路に実装されるトランジスタ数

〈図 B〉

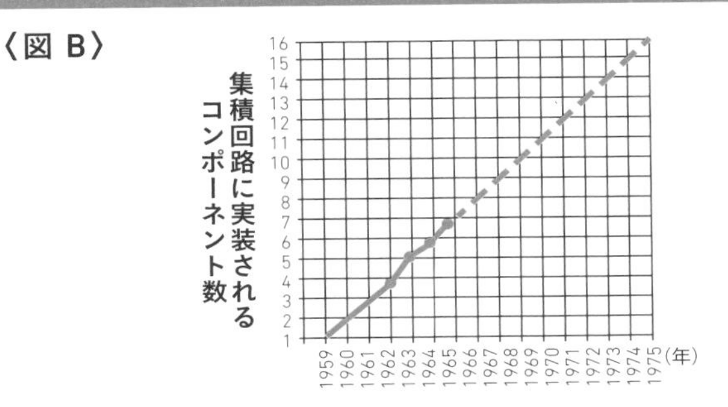

このグラフから集積回路に実装されたトランジスタ数の増大が見て取れる。

出典：Gordon E. Moore, Cramming more components onto integrated circuits
(Electronics,Volume 38, Number 8, April 19, 1965)をもとに作成

積層化技術「チップレット」の登場

ここでは個々のチップを1パッケージに収めるチップレットアーキテクチャについて解説します。

新たな半導体製造技術として注目されているのが積層化技術です。

「積層」ということは、上に積み上げていくのですか？

必ずしも層を重ねることを指しているわけではありません。これまで大規模な回路を1チップに集積していたのに対し、機能別に分けた小さなチップを基板上でつないで1つのパッケージにするというのがチップレットの考え方です。

でも、集積度アップのために1チップにしてきたという経緯ですよね。

そうです。とはいえ、これまで集積度に貢献してきた微細化技術ですが、今、壁に突き当たっています。SoCやプロセッサの大規模集積化・微細化も最先端になると「**歩留まり**が悪い」のです。そこで効率的な方法として浮上したのがチップレットなのです。一方、メモリにおいても積層化が進んでいます。

微細化技術の壁については、「歩留まり」のほかに「横方向の信号伝送遅延」といったものもあります。

▶ **歩留まり**
半導体製造で重要な製造品質係数。シリコンウェハ上に物理的に形成できるチップの数に対する、良品の比率（%）をいう。

チップレットの特徴

1チップに集積化する（モノリシック）より、機能別のチップに分け、それぞれ最適な設計で製造して3次元実装をするほうが歩留まりが向上します。また、2次元の集積化（図A）では配線長による伝線ロス（遅延）が課題ですが、それには上下に積層し、縦方向に短距離で信号を伝送する（図B）ことで対策できます。

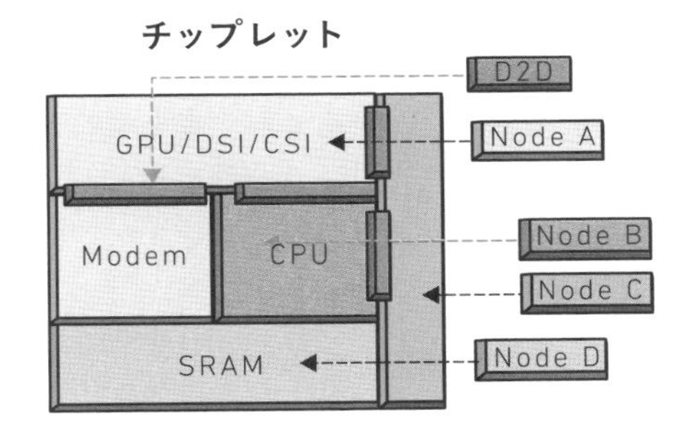

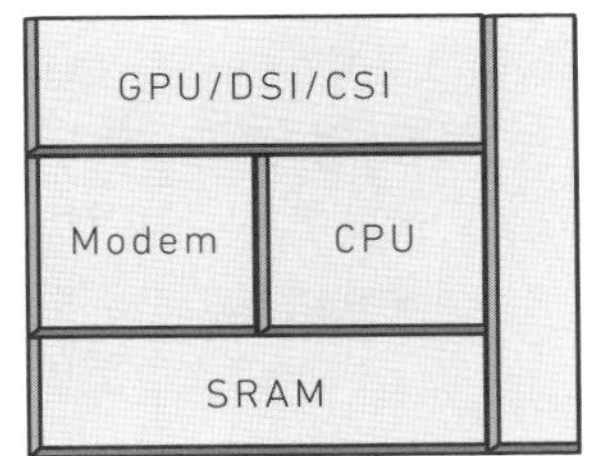

二次元の集積化（図A）

チップレットは当初8層だったが、多層化されることで大容量メモリの搭載が可能になる。

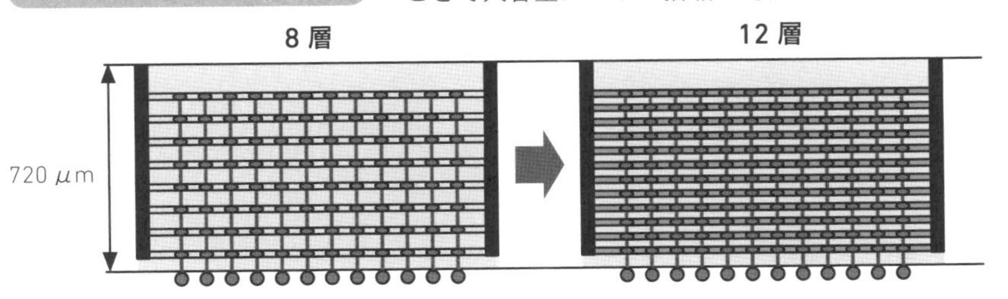

上下に積層化（図B）

従来使われていたのは、ワイヤボンディング技術（左下）。チップ間の距離を短縮し、処理速度を高速にできるTSV技術（右下）が開発された。

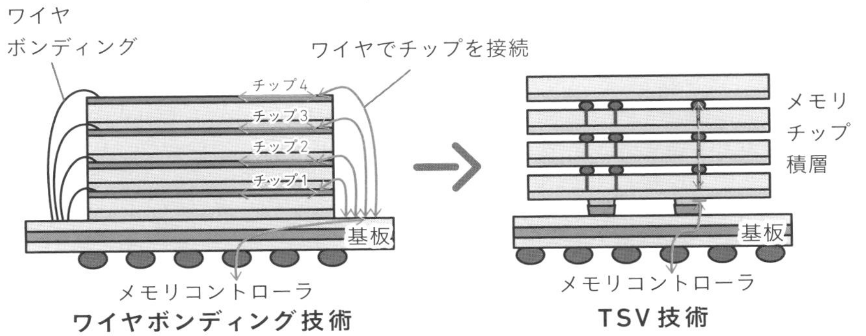

もっと詳しく！

製品の状態で検査できる

重要度が増す非破壊検査

半導体産業において日本が強い存在感を示す領域の1つに非破壊検査があります。

製品を出荷するため、後工程では製品検査、信頼性検査、初期不良の検出など、さまざまな検査を行っています。より高集積化するICやチップレットなどの半導体の製造技術の進化にとって、品質保証は大きな課題となっています。

機能ごとにチップが分かれているチップレット、あるいは、メモリの3次元実装など、従来の検査手法では細部まで検査することができず、より性能の高い品質検査が求められるようになってきたのです。

そこで発展してきたのが、「放射線透過試験」「超音波探傷検査」「浸透探傷検査」「磁粉探傷検査」「赤外線検査」「過電流探傷検査」などの非破壊検査です。これらは、製品として組み上がったものを破壊することなく、外側から透過で内部を検査したり、表層部の欠陥を検出したりすることができます。

たとえば放射線透過試験では、透過力が高く撮影に適したX線とガンマ線が使用されます。

また、超音波探傷検査では超音波を内部に伝播させ、反射した超音波の強さと反射する範囲を元に、内部の形状、傷があればその大きさや形といったものを推定します。

こうした非破壊検査によって、完成品の状態での内部構造の検査や、電気的特性試験でNGが出た場合などの不良解析を、層剥離・分解なしに行うことができるようになります。

最近ではAIなどを活用したシミュレーションツールも出ています。こうした非破壊検査の領域は、実は日本の企業が強いところでもあります。

検査の方法も進化しているんですね。

放射線透過試験のイメージ図

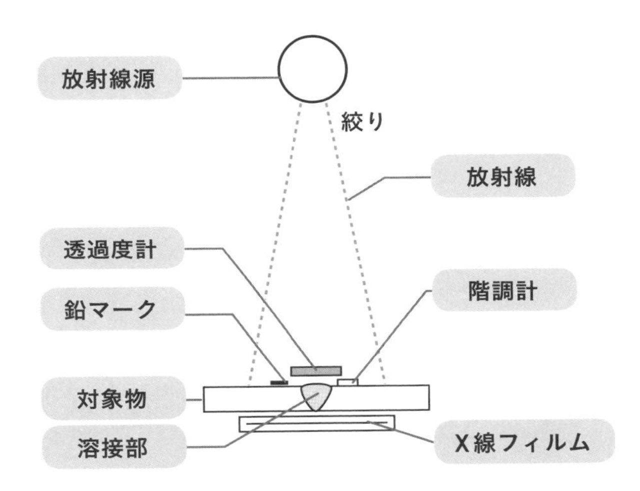

放射線透過試験では、対象物に対してX線やガンマ線などの放射線を照射し、透過した放射線の変化から対象物の内部の組織を捉え、製品の欠陥や異常の検出を行う。

超音波探傷検査のイメージ図

T：送信パルス
B：底面エコー
F：きずエコー
hF
WF

W_F：きずエコーの表面からの距離
h_F：きずエコーの波の高さ

超音波探傷検査では、探触子（プローブやトランスデューサー）と呼ばれるセンサーから発信した超音波が内部の傷や反対面に反射し、再び探触子に戻ってくるまでの時間（伝播時間）と戻ってきたエコーの強さから製品内部の欠陥の検出を行います。

波形は、受信した微弱な反射波を増幅して表示させる。傷がなければ底面エコーしか現れず、傷がある場合は底面エコーの前にきずエコーが現れる。

高度な技術が必要な3D NAND

半導体の3次元実装の現状

2Dから3Dへ移行したNAND型フラッシュメモリですが、3次元実装は簡単ではありません。

集積化には、水平に並べるだけではなく、チップ製造・成形時に垂直に積み上げるように集積回路のダイの数を増やす方法もあります。たとえば「3D NAND」です。3D NANDはメモリセルを垂直にも並べた3次元構造です。今や、コンピュータやスマートフォンに搭載されるSSD、あるいはUSBメモリに使われ、大容量ストレージとして主流になっています。

垂直にメモリセルを増やせるため、省スペースでより多く搭載できること、また従来のフラッシュメモリが抱えていた課題（微細化に伴うメモリセル間の隣接効果）をクリアできることで注目され、徐々に市場規模を広げていきました。

3D NAND の開発史においては、実にさまざまなドラマがあり、競合各社がしのぎを削った開発競争が展開されました。

東芝（当時）が2006年に最初の3D NAND技術「BiCS技術」を発表します。その後、サムスン電子が2009年に現在の3D NANDのベースとなる「V-NAND技術」を発表。最初に大容量3D NANDのフラッシュメモリの製品化に至ったのはサムスン電子で、2013年のことです。

現在は、SK hynix（ハイニックス）が3D NANDの高層化を牽引しています。2018年に96層、2022年に238層、2023年に321層の3D NANDを発表しており、2025年上期に量産する計画だとされています。

一方で、そうした3次元構造に半導体チップやシリコンウェハを載せる3次元実装の積層を採用することで、トランジスタ搭載数の増加を目指す試みも行われています。

しかし、半導体チップの3次元実装は簡単なことではありません。複数の層を積み重ねることで製造プロセスが複雑化することは容易に想像できます。配線や信号伝達の問題、層を重ねることで熱が発生しやすくなるため適切に熱を逃がす必要もあります。こうした製造プロセスの複雑化はそのまま製造コストに跳ね返ってきます。

とはいえ水平方向での集積化は、やはりいずれ限界を迎えます。となると、どうしても垂直方向を含めた空間の活用へといかざるを得ないというわけです。

そうした中にあって、AI演算処理を担うSoCやプロセッサでは、本文で紹介したチップレットという積載化の概念は、3次元空間をフル活用できる技術として注目されているのです。

NAND型フラッシュメモリの変遷

1980年代

NAND型フラッシュメモリの発明

株式会社東芝（当時）の舛岡富士雄氏によってNAND型フラッシュメモリが発明される。

1990年代

NAND型フラッシュメモリの製品化

1991年に製品化され、デジタルカメラなどの記録媒体として採用される。

2000年代

技術の進歩。2Dから3Dへ

NAND型フラッシュメモリの3次元化が発表される。これにより大容量・高性能化を実現。

2010年代

3D NAND型フラッシュメモリの拡大

2010年代半ばには3D NAND型フラッシュメモリの市場が拡大。スマートフォンなどにも使われる。

2020年代

NAND型フラッシュメモリのさらなる飛躍へ

IoTやAIの発展のカギを握っており、さらなる進歩が期待される。

3次元実装は、製造プロセスの複雑化と、製造コストの増大が懸念されており、チップレットに注目が集まっています。

期間短縮、コスト削減に貢献

半導体製造装置向け3Dプリンタの活用

今、話題の3Dプリンタの技術は半導体製造においても活用され始めています。

工場や生産現場での活用が進んでいる金属3Dプリンタですが、半導体製造でも使われています。ただし、従来の製造プロセスを置き換えるものではなく、基本的には従来の製造プロセスを補完するイメージです。

1つに、半導体製造装置用部品の作成に金属3Dプリンタを使うことで半導体製造装置の性能向上や開発期間の短縮、コストの削減を目指す、という活用シーンがあります。半導体製造装置には、形状が複雑な小さな部品が必要になりますから、金属3Dプリンタで部品を出力することで、切削（せっさく）加工などにかかる時間やコストを削減できるというわけです。たとえば、半導体製造装置における流体フローの最適化です。「マニホールド」という流体の流れに大きく影響を与える部品を精度の高い金属3Dプリンタを用いた積層造形でつくることで、半導体製造装置の流体の流れを最適化できたそうです。半導体製造装置の性能向上において、液体や気体などの流体の制御は必要不可欠です。ここで鍵となるマニホールドは緻密な制御を実現するために複雑な形状をしており、従来の製法では複数の部品を組み合わせてつくっていました。それを、金属3Dプリンタによる一体造形とすることで最適な流れを得ることができます。金属3Dプリンタの半導体製造装置への活用はまだまだ始まったばかりですが、うまくマッチングできれば、従来の製造プロセスであっても性能を上げられるでしょう。

また、センサーの製造工程に金属3Dプリンタを活用する技術も登場しています。2017年、日立製作所は半導体を立体造形する3Dプリント技術を開発し、MEMSセンサー（振動や加速度などの計測に使われる）の試作に成功したと発表しています。実用化されれば3か月から1年程度かかっていた製造期間を1か月に短縮できるといいます。もし、金属3Dプリンタでの半導体デバイスの量産が可能となれば、もっと微細化、積載化が進むかもしれません。

日立製作所の3Dプリント技術

設計工程
AIを活用した高速な自動設計技術

センサーの要求仕様の入力 → 設計データベースの参照 → 要求仕様に近いセンサー候補を抽出 → センサー構造の決定

クラスター分析

製造工程
集束イオンビームを活用し、高速3Dプリントを行う

MEMSセンサーの完成

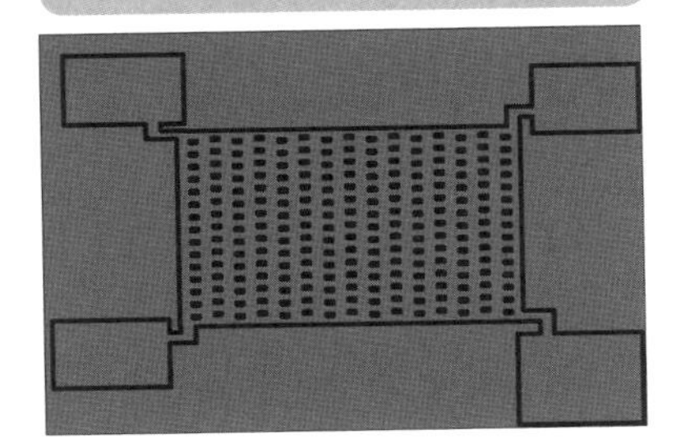

MEMSセンサーとは、数mm角以下の微小なチップである。

大量生産が基本で設計・製造に数か月から1年程度かかっていたMEMSセンサーの製造を、多品種少量生産を基本にしたフローに転換できるようになりました。

MEMSセンサーの中でも振動MEMSセンサーは、設計5日、製造5時間（1個あたり）でつくれるそうです。

COLUMN

Q 半導体不足に対して、メーカーにできることは何ですか？

A メーカーは複数の供給源を確保することでリスク分散に努めています。

半導体産業は拡大傾向にありますが、高機能な半導体の製造は、世界でトップクラスの半導体メーカーが担っています。これには、新規参入企業が高度化する半導体の製造プロセスを構築するには時間がかかり、すぐには代替が効かないという事情があります。

半導体不足が深刻だった時期といえばCOVID-19のパンデミック期です。この頃、在宅勤務やオンライン教育などが普及したことにより、パソコン、スマートフォン、ゲーム機といった黒物家電から、白物家電、さらには自動車まで、多岐にわたって電化製品の需要が急増しました。

また、半導体材料・素子の製造現場がストップするなど、サプライチェーンにも大きな影響を及ぼしています。

その結果、需要と供給のバランスが崩れ、半導体不足につながりました。

こうした問題に対し、半導体メーカーは単一の供給源に依存するのではなく、たとえばサプライヤーの供給元が台湾だけだった場合には、米国や欧州にも拡大させています。このように複数の供給源を確保することで、リスクを分散する戦略をとっています。

[第4章]

半導体と関連業界

半導体の製造工程がわかったところで、
今度は関わっている企業について
どんな特徴があるのかを見ていきましょう。

半導体に関わるメーカー＆業界

半導体は複数のメーカーによってつくられています。半導体に関連する業界を見ていきましょう。

半導体をつくるには複雑なプロセスを踏むことはわかりましたが、半導体メーカーはそれらを単独で行うのですか？

単独も分業もあります。単独の場合を垂直統合型、分業の場合を水平分業型といいます。水平分業型では、半導体デバイスのオーナーで設計を行う**ファブレス企業**と、製造のみを行う**ファウンドリ企業**があります。

製造以外ではどうなのでしょうか？

もちろんさまざまな業界やメーカーが関連しています。たとえば、材料の供給は材料メーカーが行います。さらに、半導体製造装置をつくるメーカーも必要ですし、半導体部品をつくるメーカーもなくてはいけません。

半導体に限らず製造業は多くの業界に支えられていますよね。あと完成した半導体を世界に**サプライ**する商社の存在も忘れてはいけませんよね。

▶ファブレス企業
製造工場を持たない企業のこと。ファブ（fab）はfabrication facilityのことで製造工場を意味する。詳しくはP.94参照。

▶ファウンドリ企業
製造に特化した企業のこと。詳しくはP.96参照。

▶サプライ
半導体メーカーにおいては、半導体製品や関連コンポーネントの供給やサプライチェーンを指す。

垂直統合型と水平分業型の比較

垂直統合型		水平分業型
設計・製造を自社で行う。		設計・製造を分業して行う。
☑ **品質に有利** 性能・コスト・品質を追求することができる。	⟷	☑ **スピードに有利** 開発スピードを上げることができる。
☑ **アナログ** 製品の特性を究極に追い込み、競合との差別化を狙う。	⟷	☑ **デジタル** 集積度を上げ、演算処理能力を究極に上げることを狙う。
☑ **リソースの問題を抱える** 製造を行うための人材確保や設備投資が必要。	⟷	☑ **リソースの分散ができる** 自社の分担に対しての人材確保や設備投資ができればよい。

半導体製造の流れと関連企業

供給元（サプライヤー） →

〈関連企業〉
・部材・材料メーカー

半導体の設計

〈関連企業〉
・設計ツールメーカー
・半導体メーカー

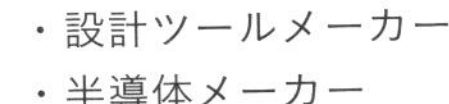

半導体の製造 →

〈関連企業〉
・製造装置メーカー
・半導体メーカー

半導体の検査

〈関連企業〉
・測定・検査装置メーカー
・半導体メーカー

保管・配送 →

〈関連企業〉
・物流会社

販売

〈関連企業〉
・商社

製造から販売に至るまで、さまざまな企業が関わっています。

製造部門を持たない「ファブレス企業」

ファブレス企業は製造を他社に委託し、自社では設計などを行います。

工場を持たないファブレス企業は、設計だけを行い、製造はほかの企業に任せるんですよね？

ええ。製造設備を持ちませんので、半導体の設計を行い、ファウンドリ企業に製造を委託します。

ファブレス企業の代表は**クアルコム**や**アップル**などでしょうか？

その通りです。クアルコムの場合、**スナップドラゴン**であれば大体**TSMC**に半分、**サムスン電子**に半分の量を委託しています。

サムスン電子は自社ブランドの半導体チップを展開していますが、他社のチップもつくるのですか？

ええ。半導体を製造する場合、大きな製造設備をつくり、多くの製品を製造・販売するほうが、資金サイクルを回しやすいというメリットがあります。

▶ **クアルコム**
Qualcomm。米国の企業で、半導体の設計やモバイル通信技術の開発などを行う。

▶ **アップル**
Apple。米国のIT企業の大手である。

▶ **スナップドラゴン**
Snapdragon 8 Gen4 Soc。クアルコムが開発したSoC。スマートフォンなどを動作させることのできるチップ。

▶ **TSMC**
台湾積体電路製造。台湾の半導体メーカーでファウンドリ企業の大手である。

▶ **サムスン電子**
Samsung Electronics。韓国のIT企業。でサムスングループを構成する企業の1つ。自社製品の製造に加えファウンドリ事業も行う。

ファブレス企業とファウンドリ企業

ファブレス企業
半導体デバイスのオーナーであり、自社で設計を行い、外部へ製造を委託する。

ファウンドリ企業
半導体の製造設備を持ち、製造を受託できる企業のこと。自社ブランドを持っている企業もあれば、受託製造を専門とする企業もある。

ファブレス企業のメリット

- 製造設備を用意するためのコストが不要
- 製造設備を持たないため市場の変化に対応しやすい

ファブレス企業のデメリット

- 製造を外部へ委託するため、製造コストをコントロールしにくい
- 委託先によって品質が変わることがある

スナップドラゴンの製造委託の例

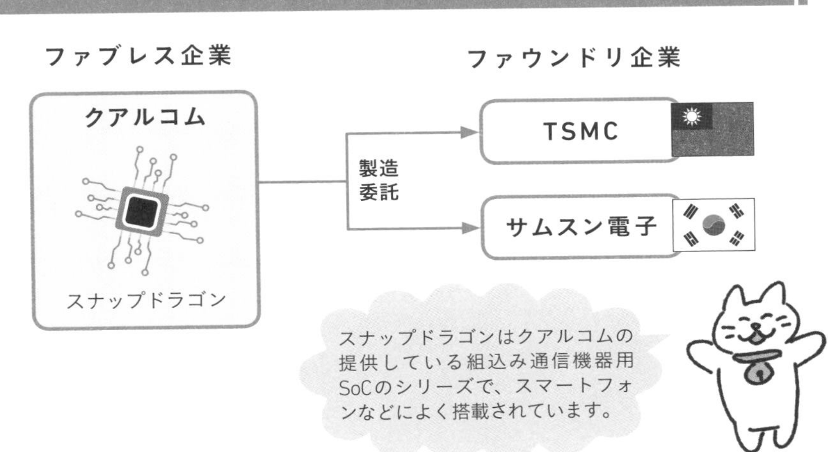

半導体製品をつくる「ファウンドリ企業」

半導体の製造を受託するのがファウンドリ企業です。TSMCやサムスン電子などがあります。

半導体の製造を受託するメーカーはファウンドリ企業でしたよね？

はい。代表的な企業はTSMCやサムスン電子、**グローバルファウンドリーズ**です。これらのメーカーは自社工場を持っていて半導体製品をつくり出しています。

サムスン電子の製品にはフラッシュメモリと、これを機能化した**USBメモリ**やSDカード、DRAMなどがありますが、TSMCの製品って何かありましたっけ？

そういえば私も見たことがありません。

TSMCは**ファウンドリビジネス**を専業とする企業なので、製造しても企業名は表に出ないのです。

なるほど。他社で販売される半導体をつくっているということですね。

▶ **グローバルファウンドリーズ**
GlobalFoundries。半導体の受託製造を行う米大手ファウンドリ企業。2021年の売上高はファウンドリで世界第4位。2023年2月、自動車メーカーのゼネラルモーターズ（GM）と自動車用半導体チップの長期供給契約に合意している。

▶ **USBメモリ**
フラッシュメモリを使用してデータの読み書きを行う小型の記憶装置のこと。

▶ **ファウンドリビジネス**
ファウンドリ企業が発注元の半導体メーカーから製造を請け負って半導体チップを製造するビジネスのこと。

ファウンドリの種類

半導体メーカーのファウンドリ事業

半導体メーカーが提供するファウンドリ事業のこと。自社の製造能力を活かしてファウンドリ事業を行う。

・インテル
（2024～25年に対応開始）
・サムスン電子　など

ファウンドリ企業

半導体の受託製造を専門に行う企業のこと。半導体デバイスの自社ブランドを持たない。

・TSMC
・SMIC
・グローバルファウンドリーズ
など

ファウンドリ兼業半導体メーカーの事業領域

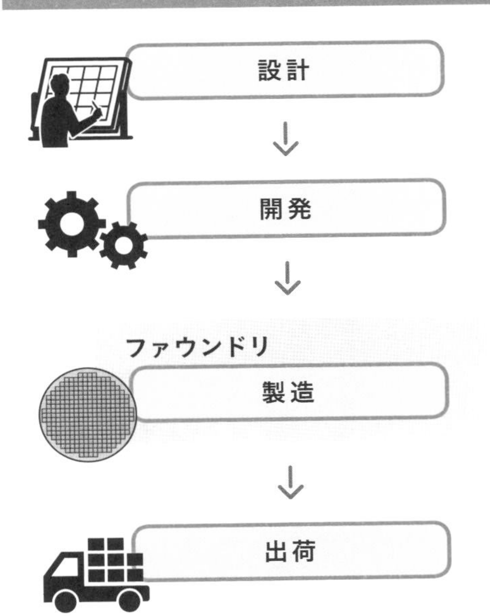

垂直統合型の半導体メーカーの場合、すべての工程を自社で行う。半導体メーカーが他社製品を製造するケースもある。

製造設備の莫大なコストを回収するために、半導体メーカーは他社の製品も製造しています。

後工程を受け持つ「OSAT」

半導体製造の前工程と後工程のうち、後工程のみを行う企業があり、OSATと呼ばれます。

ファブレス企業とファウンドリ企業のほかにも半導体の製造を担当する企業があります。

どのような企業なんですか？

OSAT(オーサット)と呼ばれる企業です。半導体製造には前工程と後工程がありますが、この後工程だけを行う企業のことをいいます。後工程なので、前工程でつくられたシリコンチップなどを基板上に組み立てたりテストを行ったりします。

後工程だけを担当するメーカーがOSATということは、前工程だけを担当するメーカーもあるのでしょうか？

はい。シリコンウェハへの回路の形成、トランジスタの製造、微細加工といった半導体の物理的な製造を行う前工程はファウンドリ企業が行います。

分業にもいろいろなパターンがあるんですね。

▶ **OSAT**
Outsourced Semiconductor Assembly & Testの略。半導体製造の後工程の組み立てやテストなどを専門に行う企業のこと。

最先端の微細化プロセスを用いるSoCや演算用LSIで採用されるチップレットは、ファウンドリ企業が前工程から一貫して製造するようになってきました。

OSATの事業領域

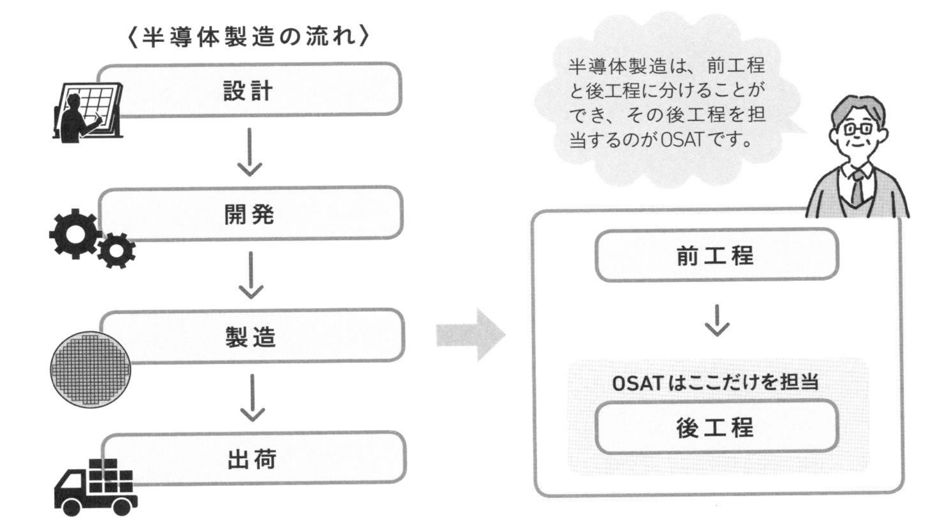

作業分担のイメージ

前工程は自動化が進んでいる一方、後工程には多くの作業者が必要とされます。前工程を行うファウンドリ企業と同様、複数社の顧客の仕事を請け負うことにより、大量生産型のラインを構築し、生産効率を高めて価格競争に対応している企業群がOSATです。

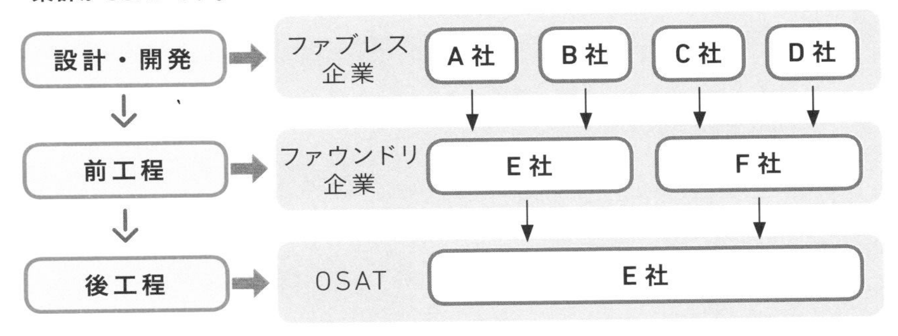

垂直統合型の半導体メーカーでも、自社で前工程まで行い、後工程だけをOSATに委託することもあります。

ICやLSIを製造する半導体メーカー

ここでは改めて主要メーカーを見ていきましょう。インテル、サムスン電子、TSMCが３大メーカーです。

世界的に有名な半導体メーカーといえば、インテル、サムスン電子、TSMCですよね？

そうですね。これらの企業は、**コンピュータチップ**やそのほかの電子デバイスに使用される半導体の製造において世界をリードしています。

▶ **コンピュータチップ**
シリコンウェハ上にトランジスタなどを埋め込んでつくられた小さな電子回路のこと。

半導体技術の開発と革新で重要な役割を果たしているんですね。

これらの企業は、新しい技術と製造プロセスの開発に向け、研究開発に多額の投資を行う「研究開発への大規模投資」という面でも「世界半導体メーカーのビッグ3」といっていい企業です。

新しい技術とは、具体的にどういうものでしょうか？

よくいわれるのは半導体の微細化と高集積化ですね。単位面積あたりの処理能力が上がると性能が高くなります。

世界半導体メーカーのビッグ3

	企業概要	売上高（10億USD）	市場シェア（%）	研究開発費（10億USD）
インテル	世界最大級の米半導体メーカー。マイクロプロセッサやチップセットで知られている。	58.4	9.7	17.5
サムスン電子	大規模メモリ製造でリーダー的存在の韓国企業。DRAMなどの製品を提供。	65.6	10.9	6.5
TSMC	世界最大のファウンドリサービスを提供する台湾企業。多くのIT関連企業に製造受託サービスを提供。	75.9	55.5	5.0

主な半導体メーカーとそのシェア

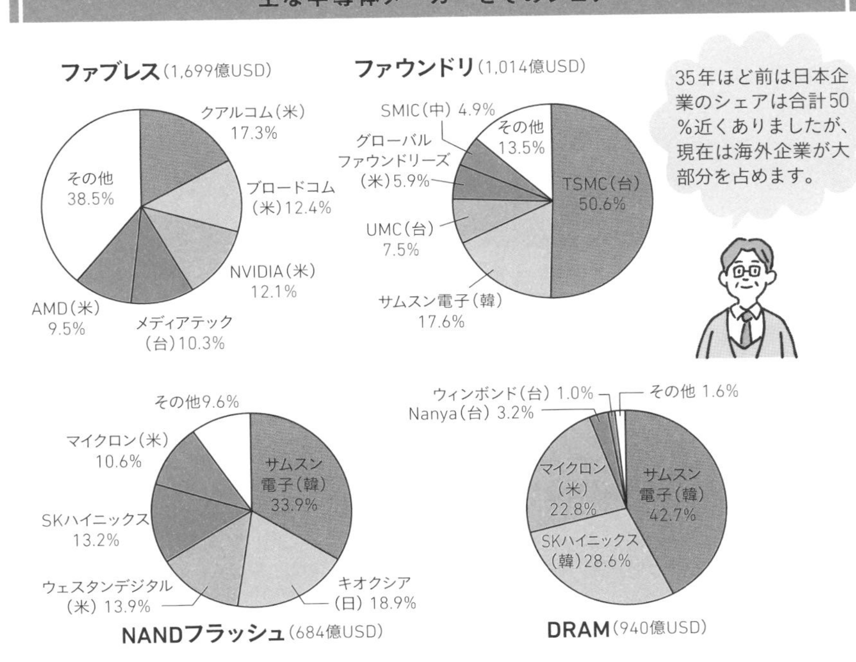

出典：OMDIA2022年データをもとに経済産業省作成（2021年値）

半導体産業を支える製造装置メーカー

半導体の製造には「製造装置」が欠かせません。ここでは、この製造装置をつくるメーカーを紹介します。

半導体メーカーの工場には半導体の製造装置が必須ですよね。ということは、製造装置をつくるメーカーは、半導体メーカーを支える大事な企業ですね。

はい。確かに半導体産業を支える大事な鍵であることは間違いありません。

どのような企業があるのでしょうか？

海外メーカーでは、**アプライド・マテリアルズ**や**ASML**、**ラムリサーチ**があります。国内メーカーでは、**東京エレクトロン**が代表的です。

東京エレクトロンは知っていますが、そのほかはあまり聞き覚えがないですね。

製造装置メーカーはBtoB企業ですから、一般の人にはなじみがないかもしれません。また、半導体メーカーの主要国だからといって半導体装置メーカーの主要国であるとは限りません。

▶ **アプライド・マテリアルズ**
Applied Materials。米国企業。半導体製造装置の世界最大手で、薄膜成膜やエッチングなどの装置を提供する。

▶ **ASML**
ASML Holding N.V.。オランダ企業。半導体リソグラフィ装置の分野などで世界をリードしている。

▶ **ラムリサーチ**
Lam Research。英国企業。エッチング装置や化学気相成長（CVD）装置など、半導体製造に必要な装置を提供する。

▶ **東京エレクトロン**
東京エレクトロン株式会社。プラズマエッチング、薄膜成膜装置など、半導体製造に必要な多種多様な装置を製造する。

主な半導体製造装置の分類

設計

前工程

- 酸化・拡散
- 成膜
- フォトリソグラフィ
- エッチング
- イオン注入
- メタル（配線）

後工程

- ダイシング
- ダイボンディング
- ワイヤボンディング
- モールド
- 外装メッキ
- 特性テスト

半導体設計用装置

パターン入力装置や回路シミュレータなど、半導体回路の構成を考え、シリコンウェハ上の回路図を設計するための装置。主なメーカーはシノプシスやケイデンス・デザイン・システムズなど。

マスク・レチクル製造用装置

フォトリソ工程装置や薄膜形成・エッチング・洗浄乾燥装置など、シリコンウェハに焼き付ける回路パターンのマスクなどを製造するための装置。主なメーカーはSCREENや TOPPANなど。

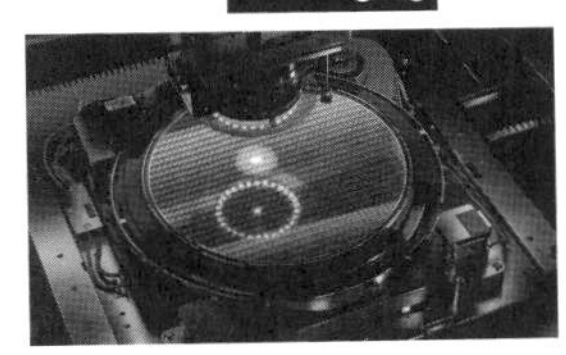

フォトリソグラフィプロセス中のシリコンウェハ

ウェハ製造用装置

単結晶製造装置やウェハ加工装置など、多結晶を溶融して単結晶シリコン（インゴット）などをつくるための装置。主なメーカーは信越化学工業やSUMCOなど。

ウェハプロセス用処理装置

露光・描画装置やレジスト処理装置、エッチング装置など、前工程の酸化・拡散から配線までを行うための装置。主なメーカーは東京エレクトロンやラムリサーチ、ASMLなど。

組立用装置

ダイシング装置やボンディング装置など、チップを切り分けて組み立てる後工程を行うための装置。主なメーカーはディスコや新川など。

検査用装置

テスティング装置やプロービング装置など、後工程の製品検査や信頼性検査などを行うための装置。主なメーカーはアドバンテストやKLAなど。

半導体製造装置用関連装置

そのほかの半導体製造に必要な装置。各種搬送装置、純水・薬液装置、各種ガス装置、クリーンルーム装置など。主なメーカーはメッサーグループやメルクグループなど。

半導体製造装置は大きく7つのカテゴリに分類され、それぞれのカテゴリごとに小分類・細分類があり、各装置や機器が分けられています。

半導体に欠かせない部材・材料メーカー

半導体をつくるにはさまざまな材料が必要です。先進工業国に点在する材料提供企業を紹介します。

ここでは半導体の部材や材料を提供するメーカーを紹介します。材料がなければ、いくら工場があっても半導体をつくれません。

部材といえば、ICやLSIをつくる際の一番のキモになるのは、その土台・基板になるシリコンウェハですよね？

日本の**信越化学工業**、**サムコ**、台湾の**グローバルウェーハズ**が世界のトップ3です。TSMCやサムスン電子もこれらウェハメーカーから調達しています。

部材・材料の分野でも活躍する日本企業があるのですね。

はい。「高度な技術」とか「高純度」が必要なところは日本の企業は強いんですね。それから、材料ということでは、米国の**エアー・プロダクツ・アンド・ケミカルズ**などがあります。ガスや化学品など、半導体製造に欠かせない材料を提供しています。

▶ **信越化学工業**
信越化学工業株式会社。半導体だけではなく、建築や住宅、化粧品などの製品も扱っている。

サムコ
サムコ株式会社。半導体など電子部品の製造装置の製造と販売を行う。

グローバルウェーハズ
GlobalWafers。台湾最大のシリコンウェハのサプライヤーである。

▶ **エアー・プロダクツ・アンド・ケミカルズ**
Air Products and Chemicals。化学、金属、電子、製造、食品などの産業向けに工業ガスを提供する。

半導体の主な材料

元素半導体の材料

シリコン（Si）

酸素とケイ素の化合物で、ケイ石として存在している。半導体の材料の主力であり、シリコンウェハの原料になる。

ゲルマニウム（Ge）

自然界の鉱石などから抽出される。シリコンより電子が移動しやすい。

化合物半導体の材料

ガリウムヒ素（GaAs）

ガリウムとヒ素の化合物。シリコンに比べて電子の移動速度が速いことから、高出力の電波を発生させるときに用いられる。

炭化ケイ素（SiC）

シリコンと比べて耐圧性が高いため、高温や高電圧がかかる状況でも動作が可能。

製造工程で使われる材料

酸素ガス（O_2）

前工程の酸化膜を形成する工程で用いる。シリコンウェハの表面に吹き付けて使用する。

エッチング剤

前工程のエッチングの工程で用いる。酸化膜と薄膜を除去する。

洗浄用薬液

前工程のエッチングのあとにシリコンウェハを洗浄するために用いられる。

樹脂

後工程のパッケージングの工程で用いられる。樹脂でパッケージすることにより半導体チップを保護することができる。

品質を検査する測定・検査装置メーカー

設計・製造された半導体は測定・検査する必要がありますが、その装置をつくるメーカーも重要です。

半導体を製造したら、次は動作を検査するんですよね？

半導体は小さいから検査するのが大変そうです。

検査には半導体テスターという特別な装置を使用します。世界的に有名なのは日本の**アドバンテスト**です。今では半導体だけではなく、光通信機器のテスターなどもつくっていますが、もともとは半導体テスターの専業だった企業です。

世界のメーカーにはどんな企業がありますか？

はい。オシロスコープやプロトコルアナライザなど、半導体のデバッグや検証に使われる測定機器では米**テレダイン・レクロイ**、通信測定機器や信号発生器など半導体業界で広く使われる高精度の測定機器はドイツの**ローデ・シュワルツ**が有名ですね。あと、半導体テスト機器では米**キーサイト**が大手です。

▶ **アドバンテスト**
株式会社アドバンテスト。メモリやSoCのテスト機器で知られる。

▶ **テレダイン・レクロイ**
Teledyne LeCroy。デバイスやシステムの設計から最終製品の検証まで、あらゆるニーズに対応するテスト機器とツールを提供している。

▶ **ローデ・シュワルツ**
Rohde & Schwarz。電子計測、テクノロジーシステム、ネットワーク・サイバーセキュリティでイノベーションに取り組んでいる。

▶ **キーサイト**
Keysight Technologies。半導体メーカーだけではなく、自動車メーカーやテクノロジー企業、携帯電話会社などにも電子計測機器の開発や製造、販売などを行う。同業では世界最大規模。

主な測定・検査装置メーカーの特徴

アドバンテスト

設　立：1954年12月　本　社：日本・東京都
売上高：560,191（百万円）（2023年3月期）
営業利益：167,687（百万円）（2023年3月期）
主力装置：SoCテスト・システム、メモリ・テスト・システム

主力のテスターはSoC半導体用とメモリ半導体用に大別され、SoC用の市場規模はメモリ用の3倍以上にのぼる。メモリ用では、一度により多くのデバイスをテストする能力の高い専用テスト・システムが多く採用されている。

日立ハイテク

設　立：1947年4月　本　社：日本・東京都
売上高：674,247（百万円）（2023年3月期）
営業利益：89,885（百万円）（2023年3月期）
主力装置：ウェハ表面検査装置、暗視野式ウェハ欠陥検査装置など

計測装置と検査装置に分けられ、計測装置には高精度電子線計測システムや高分解能FEB測長装置などがある。また、エッチング装置や成分分析装置なども製造しており、幅広く柔軟なソリューションを提供している。

ローデ・シュワルツ

設　立：1933年
本　社：ドイツ・ミュンヘン
売上高：27億8,000万ユーロ（2022/2023会計年度）
主力装置：EMCテスト、RF/マイクロ波コンポーネントなど

測定結果の精度と信頼性の高さにより、世界のエンジニアから信頼を得ている。特定のアプリケーション向けのベンチトップ測定器なども業界最高レベルの電子計測機器を提供している。

キーサイト

設　立：2014年11月
本　社：米国・カリフォルニア州
売上高：54億USD（2022年度）
主力装置：オシロスコープ、各種アナライザ、デジタルマルチメータなど

市場をリードする設計やエミュレーション、テスト環境を提供し、製品ライフサイクル全体を通じて、より少ないリスクで、より迅速な開発とサポートを実現している。

半導体テスターとは

半導体デバイスを検査する装置が半導体テスター。半導体デバイスやLSI・ICといった回路の機能や性能を試験する装置である。

主な特徴

○電気的特性の確認
○動作機能や性能のテスト
○信頼性と耐久性の評価
○不良箇所の特定

半導体設計に必要なツールメーカー

半導体をつくるためには「設計」が必要ですが、そこで使うツールを製造するメーカーも存在します。

半導体を製造するうえで欠かせないのが「設計」で、設計ツールが用いられます。

設計というと、自動車製造でいう**CAD**みたいなツールを使うのでしょうか？

はい。CADはフォトマスクの設計でも使われますね。ほかに**EDA**というソフトウェアもあります。EDAは半導体設計に広く使用されています。

そのほかの設計ツールにはどのようなものがあるのでしょうか？

半導体設計、シミュレーション、検証ツールなどですね。有名なメーカーは米国の**メンター・グラフィックス**です。

設計ツールは米国の企業が多いのですか？

はい。コンピュータソフトウェアで圧倒的に米国が強いのと同様、半導体の設計ツールは米国企業がほぼ独占しています。

▶ **CAD**
Computer Aided Designの略。コンピュータで製図を行うためのツールのこと。

▶ **EDA**
Electronic Design Automationの略。主に半導体や電子回路の設計に特化したソフトウェア。EDAは回路図の作成、シミュレーション、PCB（プリント基板）レイアウトの設計、LSIやICの設計など、設計の自動化に使用される。

▶ **メンター・グラフィックス**
Mentor Graphics。電子設計ソフト（EDAツール）の開発と販売を行う米国企業。

EDAツールの用途と主なEDAツールメーカー

EDAツールは、半導体設計における機能設計、論理設計、回路設計、物理設計（P.71参照）のいずれの工程にも活用でき、電子設計のプロセスにより作業の効率化や自動化が図れます。EDAツールには、各工程の設計ツールとそのシミュレーション用ツールで構成されています。

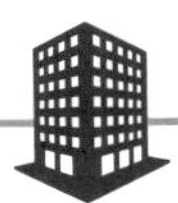

図研

設　立：1976年12月
本　社：日本・神奈川県
売上高：35,073（百万円）（2023年３月期連結）
営業利益：4,428（百万円）（2023年３月期連結）

電気・電子システムの設計や製造を自動化・最適化するためのソフトウェアを提供。3D技術を活用した設計・検査環境を実現することで、高度な設計プロセスにも対応している。

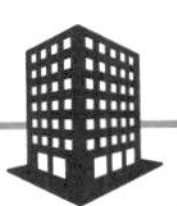

日立ソリューションズ・テクノロジー

設　立：1980年６月
本　社：日本・東京都
売上高：9,800（百万円）（2023年３月期）
純利益：203（百万円）（2023年３月期連結）

設計効率を追求するため、要求に応じたカスタム化が可能。Cadence社製のデザインエントリーシステムをベースに、回路・物理設計から検証環境までトータルに設計環境を提供。

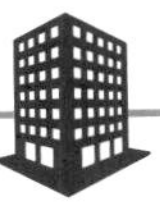

シノプシス

設　立：1986年12月
本　社：米国・カリフォルニア州
売上高：58.4億USD（2022/2023会計年度）

チップ設計の期間を短縮し、EDAツールを活用した工程全体の効率を向上させるためにAIを組み込んだソリューションなども提供している。

メンター・グラフィックス

設　立：1981年
本　社：米国・オレゴン州
売上高：10.9億USD

業界随一の包括的なEDAソフトウェア、ハードウェア、サービスを提供。2017年にドイツの電機メーカー大手のシーメンスに買収されている。

フォトマスクの作成

回路設計が終わったあとはフォトマスクの作成に移ります。

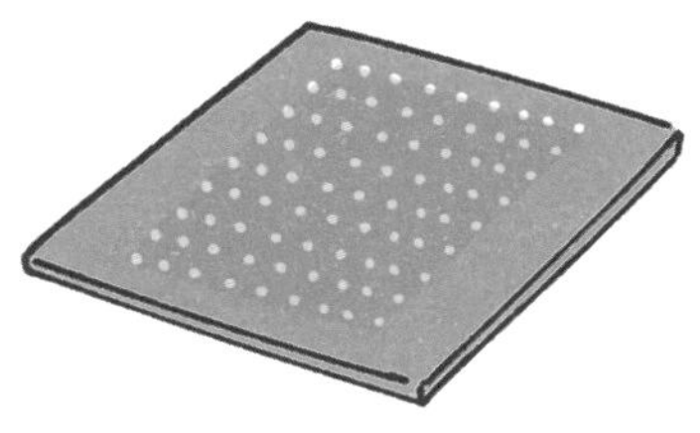
フォトマスク

回路パターンをシリコンウェハに焼き付ける際に使用するのがフォトマスク。EDAツールで設計した回路パターンをフォトマスク（ガラス板）に印刷し、シリコンウェハに転写する。

半導体を世界に供給する商社

半導体を市場に届けるのが商社です。半導体メーカーとユーザーをつなぐ役割があります。

自動車にディーラーがあるように、半導体にも**販売チャネル**を構成する商社が存在するんですよね？

その通りです。流通しなければ、せっかく製造した半導体を市場に届けることができませんからね。

簡単にいえば、半導体メーカーと消費者をつなぐイメージですね。

はい。有名な半導体商社は数多いですが、国際的に主要な商社としては**アヴネット**、**アロー・エレクトロニクス**、**WPG**、**マウザー・エレクトロニクス**があります。

どれも海外の会社なのでしょうか？

WPGは台湾です。それ以外は本社が米国ですが、いずれも多国展開していて、日本にも法人や支社を持っていますよ。

▶**販売チャネル**
販売経路のこと。製品やサービスを販売する方法や場所を指す。

▶**アヴネット**
Avnet。

▶**アロー・エレクトロニクス**
Arrow Electronics。

▶**WPG**
WPGホールディングス（大聯大投資控股股分有限公司）。

▶**マウザー・エレクトロニクス**
Mouser Electronics。

半導体を供給する主な商社

半導体商社は、半導体メーカーから半導体製品を仕入れ、電子機器メーカーなどに提供する役割があります。最近ではM&Aなどにより競争力を高めています。

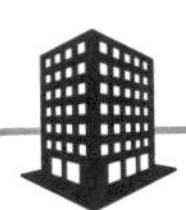

アヴネット

設　立：1921年
本　社：米国・アリゾナ州
売上高：195億USD
従業員数：約15,000人

半導体を含む多様な電子部品の流通に特化した国際的な企業。需給に応じた製品や部品の出荷だけではなく、設計、サプライチェーン、ロジスティクスなどのあらゆる面から顧客をサポートしている。

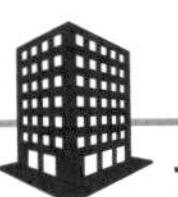

アロー・エレクトロニクス

設　立：1935年
本　社：米国・コロラド州
売上高：301億USD
従業員数：約20,000人

電子部品やコンピュータ製品の流通を行う大手企業。グローバル電子部品とグローバル・エンタープライズ・コンピューティング・ソリューションの２つに分かれており、ソリューション提供も行っている。

WPG

設　立：2005年
本　社：台湾・台北市
収　益：215.5億USD
従業員数：約5,000人

アジア・太平洋地域での主要なエレクトロニクス販売代理店となることを目指し、４つの半導体部品販売企業で運営されている。世界に250以上のサプライヤーと75の販売拠点がある。

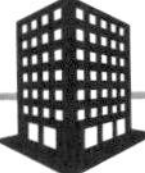

マウザー・エレクトロニクス

設　立：1964年
本　社：米国・テキサス州
売上高：19億USD
従業員数：4,000人以上

1,200を超える電子部品ブランドの正規代理店として、世界中に製品や部品を提供している企業。配送センターには365日24時間いつでも出荷できる倉庫管理システムが装備されている。

日本の半導体商社ランキング

順位	社名	売上高	従業員数	設立	本社
第１位	マクニカ	7,618億円	4,187人	1972年	横浜市
第２位	トーメンデバイス	4,628億円	187人	1992年	東京都中央区
第３位	加賀電子	4,958億円	8,092人	1968年	東京都千代田区
第４位	レスターホールディングス	3,996億円	2,601人	2019年	東京都港区
第５位	リョーサン	2,726億円	954人	1953年	東京都千代田区
第６位	RYODEN	2,291億円	1,214人	1947年	東京豊島区
第７位	立花エレテック	1,934億円	1,381人	1948年	大阪市
第８位	伯東	1,915億円	1,223人	1953年	東京都新宿区
第９位	東京エレクトロンデバイス	1,799億円	1,318人	1986年	横浜市
第10位	丸文	1,678億円	1,117人	1947年	東京都中央区

立体化と微細化

半導体産業の成長を支える技術

今後、半導体産業の中でも、成長が見込める分野があります。

半導体の性能・集積度向上を目指し、半導体業界では2つの方向で半導体開発の変革が行われています。

1つは積層の立体化の方向です。フラッシュメモリの3D NANDセルがよい例で、多層に積み重ね、面積を増やさずに大容量のデータを格納するというわけです。

もう1つはプロセスの超微細化の方向です。7nm、5nm、3nmといった微細な、より小さいパターンの描画を行うことで、半導体デバイス上のトランジスタやほかのコンポーネントのサイズを小さくします。

微細化のプロセスは、主にフォトリソグラフィとエッチングの技術に依存しています。フォトリソグラフィは、物理的・技術的な課題、具体的には量子効果の増大、熱的問題、製造コストの増加などが伴いますが、これらを解決できれば、非常に恩恵の大きな分野でもあります。

具体的には、7nm、5nm、3nmなどの超微細化プロセスでは、フォトリソグラフィに使用される光の波長を短くしていく必要があります。これを実現するためには、いくつかの先進技術が用いられています。

● 極端紫外線（EUV）リソグラフィ

EUVリソグラフィは、従来の深紫外線（DUV）リソグラフィよりもはるかに短い波長の光（約13.5nm）を使用します。これにより、より小さい回路パターンの描画が可能になります。EUVリソグラフィは、7nm以下のプロセスノードで広く採用されています。

● 多重パターン化技術

多重パターン化は、単一のフォトリソグラフィ工程では描画できないサイズの特徴を作成するために、複数のフォトリソグラフィおよびエッチング工程を組み合わせる技術です。これにより、限られたフォトリソグラフィ能力を超え、より細かい回路パターンを形成できます。

●**自己整合型クアドラプルパターン化**

これは、特に小さな機能を持つ半導体の製造に使用される高度な多重パターン化技術です。複数回のフォトリソグラフィとエッチングを組み合わせることで、非常に小さいサイズの特徴を正確に形成します。

●**先進的エッチング技術**

エッチング技術の進化も、超微細化プロセスを可能にする重要な要素です。より精密なエッチングにより、極めて小さな構造を持つデバイスの製造が可能になっています。

これらの技術は、超微細化プロセスにおいて重要な役割を果たし、標準的な光の波長を超え、7nm、5nm、3nmといった微細なプロセスノードを実現しています。ただし、これらの技術は導入が大変複雑で高コストであり、半導体技術の革新的な挑戦が必要とされます。

微細化・高密度化のイメージ

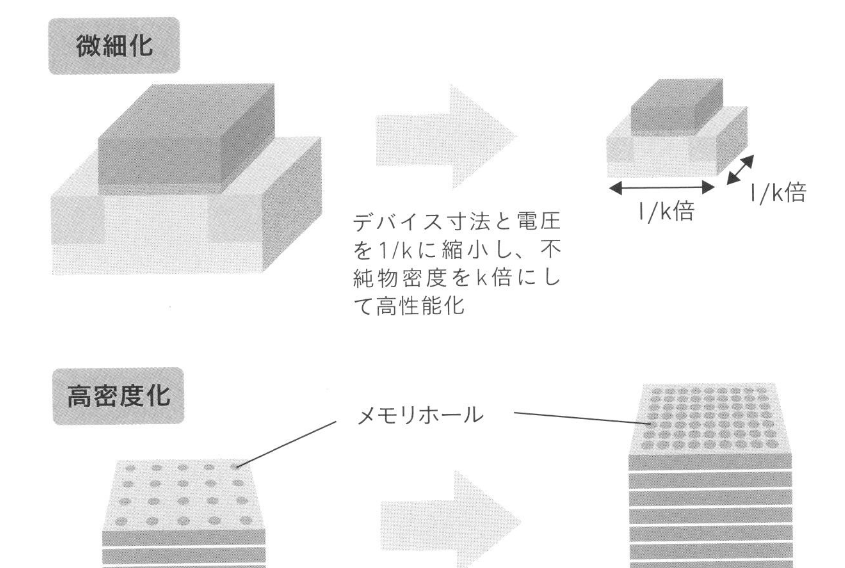

COLUMN

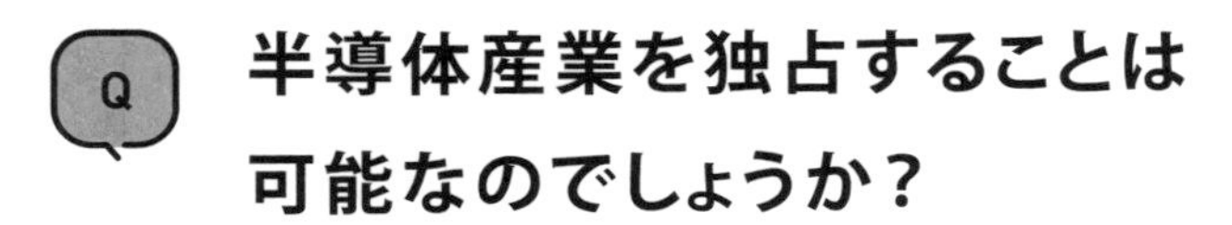

Q 半導体産業を独占することは可能なのでしょうか？

A 寡占による弊害や、国家の安全保障の理由から独占は現実的ではありません。

半導体の製造には、高度な技術、専門的な材料、精密な製造プロセス、そして何といっても巨額の資金が必要であり、この資金調達は困難を極めます。さらに半導体産業は、さまざまな国の多様な企業が関わるという複雑な構造になっています。

これを一国、あるいは一企業が独占しようとした場合、複雑であるがゆえにさまざまな弊害が考えられます。

たとえば、寡占による価格の上昇・固定化です。市場の価格競争が１つの主体に集中することになるため、それまでにあった価格の下落要素がなくなってしまいます。

次に「技術革新の停滞」です。競争がなくなることで、技術革新のペースが遅くなるでしょう。

また、半導体産業は防衛産業にも大きな影響を与えており、国家の安全保障の面でも重要な産業です。したがって、特定の一個体がこれを独占することは他国の脅威と捉えることもできます。そう考えると、どの国も他国が半導体産業を独占することを許しはしないでしょう。

[第 5 章]

生活に欠かせない半導体

半導体は私たちの身近にあふれています。
具体的にどこでどのように使われているか
見てみましょう。

半導体は身の回りにあふれている

生活に必要不可欠な半導体。近年は半導体が搭載されたマイコンでさまざまな機能が実現しています。

半導体により、私たちの身近にある製品も進歩してきました。

半導体が使われているのは、コンピュータやスマートフォンなどですよね？　ゲーム機では、CPUや**マイコン**、メモリなどが使われています。

はい。半導体の活用範囲は今や生活全般に及んでいます。最近の家電にはマイコンが搭載され、機能や動作の制御など、細かなコントロールができるようになっています。**ホームエレクトロニクス**と呼ばれる領域です。

家電はマイコンで制御されているのですね。ロボットや自動車もそうですか？

そうです。ロボットや自動車はまさに半導体技術の宝庫ですね。ほかにも、電車に乗るときのICカードやクレジットカードにもICチップが入っています。このように、半導体によってさまざまな機能が実現されています。

▶ **マイコン**
マイクロコントローラの略。CPUやメモリなどのコンピュータの機能を1つの集積回路にまとめたもの。主に電気機器に搭載され、電気的な回路や機械的な装置を制御する。

▶ **ホームエレクトロニクス**
電子技術を応用した家庭用機器やシステムのこと。

生活に浸透する半導体

半導体は、私たちの身の回りにある家電製品などに使われています。具体的に何にどのように使われているかを見ていきましょう。

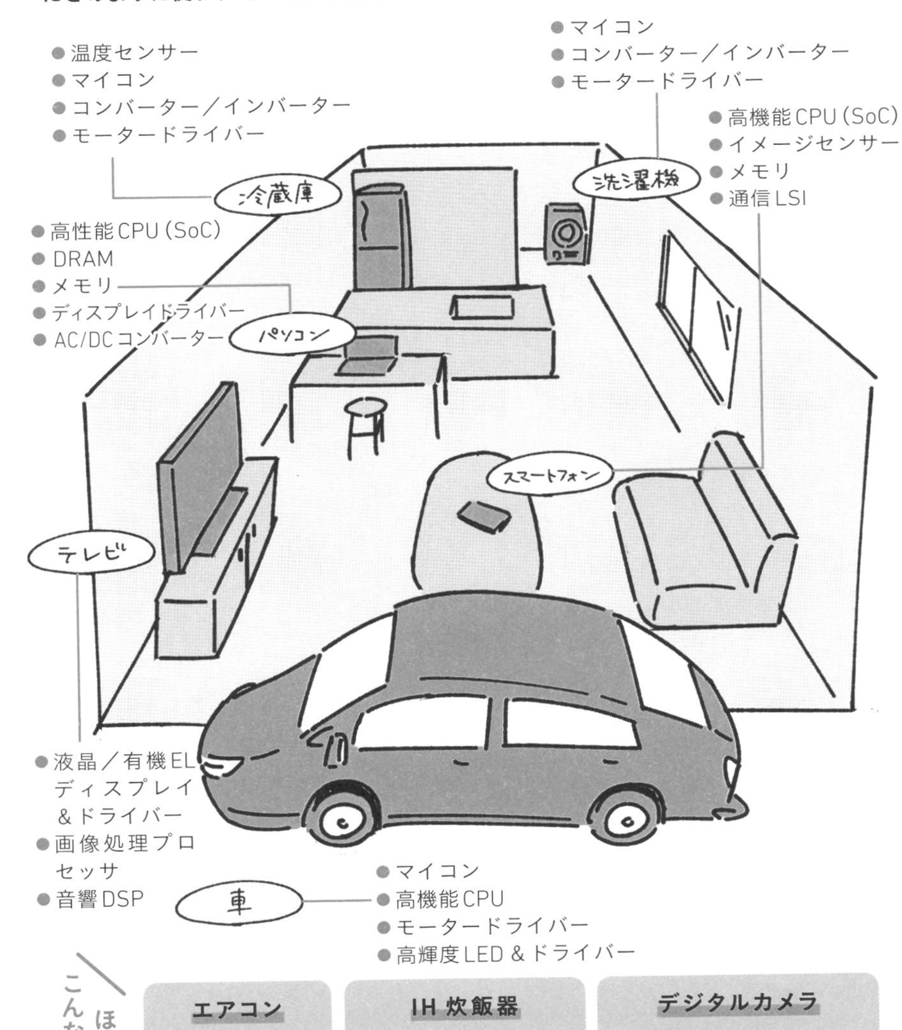

ほかにもこんなところに

エアコン
・音声LSI
・パワー半導体
・インバーター

IH炊飯器
・マイコン
・パワー半導体
・温度・圧力センサー

デジタルカメラ
・イメージセンサー
・大容量フラッシュメモリ
・各種ケーブルインタフェース

多様な半導体が搭載されたモバイル端末

スマートフォンのカメラや地図アプリなども半導体技術に支えられています。

携帯電話やスマートフォンといった“携帯できる”モバイル端末の実現には、半導体の小型化が必要でした。写真などで見たことがあるかもしれませんが、初期の携帯電話はショルダー型で重く、カバンくらいの大きさでした（右図）。

携帯するには不便ですね。

1990年代以降、携帯電話は小型化し、性能面でも多機能になっていきます。その1つの要因が**システムLSI**の登場にあったといわれています。

今のスマートフォンにはさまざまなセンサーが入っているといわれますが、これらも半導体なのですか？

スマートフォンのカメラ機能は**イメージセンサー**で実現されていますし、地図アプリに欠かせない**GPSセンサー、ジャイロセンサー、加速度センサー**などのセンサーが搭載されています。これらのセンサーには半導体が活用されています。

▶ システムLSI
マイコンを含んだ、製品に組み込むシステムの主要な電子回路を集積したLSI。1チップにまとめることから「SoC(System on Chip)」とも呼ばれる。

▶ イメージセンサー
光から画像をつくり出すセンサー。光を電気信号に変換するフォトダイオードで構成される。

▶ GPSセンサー
全地球測位システムGPS(Global Positioning System)に使用されるセンサーのこと。

▶ ジャイロセンサー、加速度センサー
慣性の動きを検出するセンサーで、ジャイロセンサーは回転や向きの変化、加速度センサーは移動速度を検出。地下などでの位置情報の取得に用いられる。

初期の携帯電話

今や携帯電話は最も身近な電子機器の1つですが、はじめから高性能かつ小型だったわけではありません。

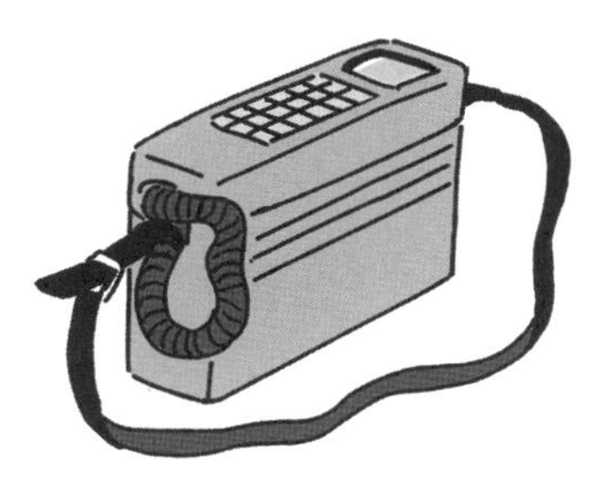

1979年に第一世代アナログ自動車電話サービスが開始。当初はあくまで自動車の中からでも通話できるサービスだった。その後1985年、持ち運びができて自動車の外からでも通話できるショルダー型の端末が登場した。そのときの重さは約3kgだった。

スマートフォンの中の半導体

エネルギー効率の向上

半導体による電力消費量の軽減

半導体の微細化・集積化はITによる電力消費量を抑えることが期待されています。

今や生活に欠かせない半導体の課題の１つは「エネルギー効率」です。ITが社会基盤となり、半導体の重要性がますます高まる現代では、半導体の電力消費量の増大が懸念されています。たとえば、データセンターの電力消費です。

データセンターとは、サーバーやネットワーク機器が設置されている専用の施設で、企業や組織あるいは個人がデータの保管・管理、各種ネットワークサービスの提供などを行うために利用します。一般にハイスペックのコンピュータシステムやストレージ、ネットワークなどのインフラが整備され、利用者はネットワーク経由でそれらの環境を利用できます。みなさんの中にも使っている人は多いでしょう。

データセンターは、今後ますます増加する流れにあります。その一方で、データセンターの電力消費を問題視する調査報告も出ています。

要は、自動車が出す排気ガスをいかに抑えるかの議論と同じように、データセンターの電力消費を抑える方法が議論されているわけです。

そこで、期待されているのが半導体のエネルギー効率の向上です。半導体の微細化・集積化がより進んでいくことで、１チップあたりの電力消費を抑えられます。省スペースにもつながり、１つのラック、１つのデータセンターに格納できるサーバーの数を増やすこともできます。

そして、この観点で期待されているのがエッジコンピューティング（P.178参照）です。エッジコンピューティングとはクラウドの先、つまりフィジカル空間でデータを処理することで通信時の電力消費を少なくし、クラウド側の負荷を削減しようというアプローチです。必要な場合にのみクラウドと通信することで、ネットワーク上のデータ転送量を抑え、システム全体のエネルギー効率を向上できます。

半導体の微細化で、より電力消費を抑えたエッジデバイスが可能になってきています。また、もちろんデータセンターでも再生可能エネルギーの利用や直流配電といったエネルギー効率が向上するような設計が進められています。半導体の進歩は、利便性が高まるばかりではなく、環境面にもよい影響を与えるはずです。

各国の消費電力とデータセンターの比較

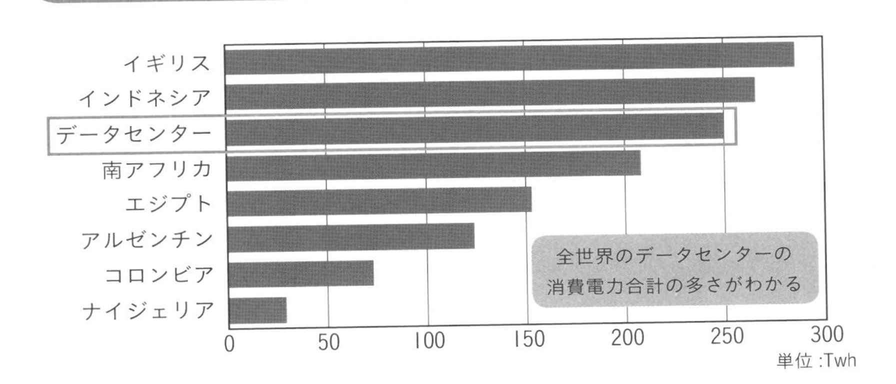

エッジコンピューティングのしくみ

エッジデバイスでデータ処理などを行い、そのデータをクラウドに送信することで、クラウドコンピューティングに比べて不要な通信を避けることができます。

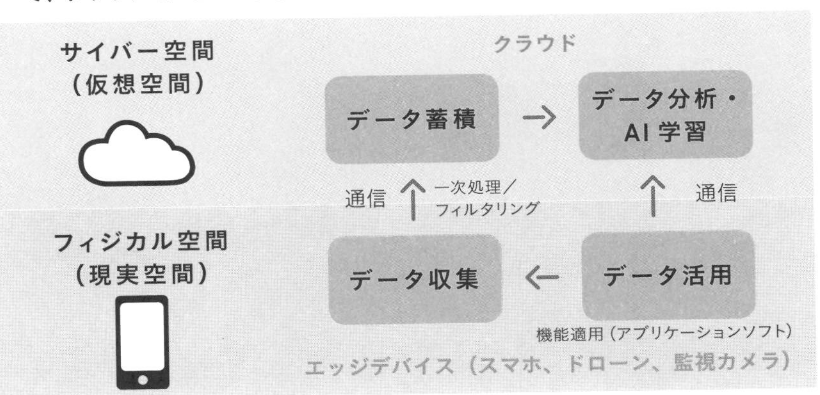

自動車に欠かせない車載半導体

自動車は「半導体の宝庫」といっても過言ではないほど、多くの半導体が使われています。

自動車に搭載される半導体、いわゆる車載半導体は現在、非常に発展している市場です。

具体的に自動車では、どういう部分に使われているのですか？

自動車には複数の**CPU**が搭載され、電子的なエンジン制御からパワーステアリング・ブレーキ制御、エアバッグ制御などを行っています。

駐車もナビ画面でカメラ映像を確認しながら操作できるようになっていますよね。

そうですね。近年、**運転支援機能**が飛躍的に発展していますが、それを支えているのも半導体技術で、イメージセンサー、加速度センサー、磁気センサー、ミリ波レーダーなどが活用されています。さらに**LiDARセンサー**による精度の高いセンシングも注目を集めています。また、EV化に伴い、パワー半導体（右ページ参照）も重要な役割を果たしています。

▶ **CPU**
自動車向けのマイコンのこと。

▶ **運転支援機能**
自動運転（AD）に対し、先進運転支援システム（ADAS）といわれる。車間や走行レーンの維持といった走行における運転支援や、衝突回避を支援する機能などがある。センサーデバイスを使って周囲や状況を知覚し、演算する能力が求められる。

▶ **LiDARセンサー**
Light Detection And Rangingの略。近赤外光や可視光、紫外線を対象物に照射し、その反射光を光センサーでとらえるセンシング技術。距離だけでなく、位置や形状まで正確に計測できる。

車載半導体の4つの分類

①制御系

自動車の動きを制御するために必要な半導体。車体自体を制御するだけではなく、走る・曲がる・止まるといった基本動作に関わっている。

実現しているシステム

- エンジン制御（燃料圧縮・点火）
- ブレーキ制御（ABS）
- エアコン制御
- パワーステアリング・ウィンドウ
- モーター駆動

②センサー系

自動車には、ナビゲーションシステムに欠かせないGPSセンサー、車体の状況を把握するための加速度センサーなど、多様なセンサーが搭載されている。

実現しているシステム

- GPSセンサー
- 動力系の回転センサー
- 光センサー
- 周辺監視イメージセンサー
- LiDARセンサー

など

③パワー半導体

電力の変換や制御などを行う半導体をパワー半導体という。電力を効率よく供給することができる。

実現しているシステム

- バッテリー充放電制御
- モーター駆動

④インフォマティクス系

インフォマティクスとは情報処理や情報システムといった分野のことである。

実現しているシステム

- スピードメーター
- カーナビゲーション
- カーオーディオ
- ヘッドアップディスプレイ
- 音声UI

など

住空間を大きく変える家電製品の進化

電気機器を制御するための半導体はマイコンです。このマイコンが家電製品を大きく変えます。

マイコン制御が家電に搭載されるようになったのは1990年代と聞きました。

はい。それまではシンプルな機能だけを行っていた家電ですが、マイコンとセンサーデバイスによって細かな制御を行えるようになりました。たとえば、エアコンの温度調節、洗濯機の水量や洗剤の量の調整、電子レンジの調理時間の調整などです。当時は「**ファジー**」などといって、よくPRされていましたね。

その後、進化はしていないのですか？

もちろんマイコンやメモリの進化でより性能を上げています。昨今の家電では、ディスプレイ表示やタッチパネル、通信機能を持ち、ネットワーク連携を可能とする機種も珍しくありません。スマートスピーカーやモバイル端末から家電をコントロールできるものも増えています。「家」のデジタル化やネットワーク化も、無線や**ICタグ**、各種センサーデバイスの活用で可能になると考えられます。

▶ **ファジー**

ファジィ理論をシステム制御に応用したもの。ルールに基づいて出力を推論する制御システムにこの理論を導入することで、リアルな状況に即した動作が可能になる。ちなみにファジィ理論とは、0か1かの2値ではなく0と1の間も数値化することで、「曖昧」な状態を表現しようとするもの。

▶ **ICタグ**

Integrated Circuit Tag。小型の集積回路（IC）が内蔵されたタグ。電子タグや無線タグとも呼ばれ、電波によって非接触でデータの読み書きができる。外出先からの家電操作や見守り対策、セキュリティ対策など、スマートホームでの活用も期待されている。

「家」のデジタル化

半導体の技術革新が進む中、私たちの暮らす住宅でもデジタル化が進んでいます。昭和初期にはシンプルな性能しかなかった家電製品が、現代ではスマート家電のような高性能な製品へと進化しており、より暮らしやすくなりました。

〈家のデジタル化の例〉

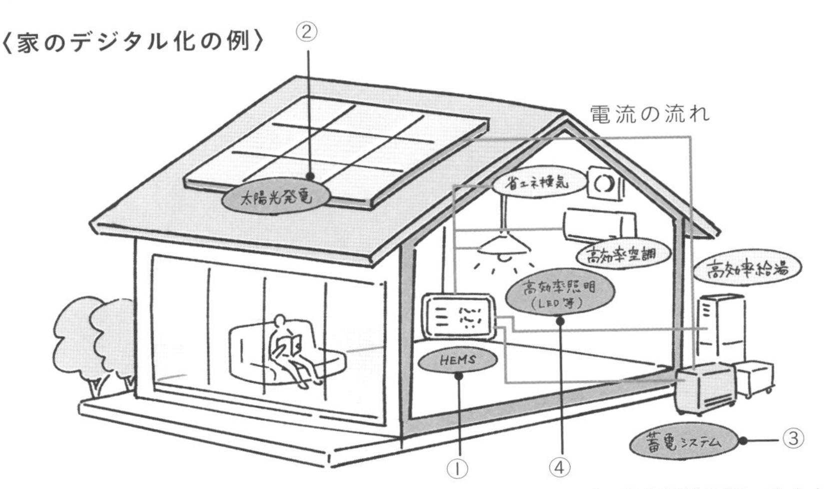

出典：資源エネルギー庁「住宅・建築物需給一体型等省エネルギー投資促進事業」をもとに作成

① HEMS
(Home Energy Management System)

エネルギーの管理・節約ができるシステム。電気機器のエネルギーの使用状況を把握し、各機器のエネルギーの自動制御や使用状況による見守りサービスの提供などができる。

②太陽光発電

太陽光発電設備の設置により、電気代の削減はもちろん、停電しても電気が使えるなどのメリットもある。また住宅の断熱効果も期待できる。しかし、設置費用がかかる点には注意が必要。

③蓄電システム

電気を蓄えて利用できるもので、たとえば太陽光パネルで発電した電気もためることができる。停電や災害などでも使えるため、リスクマネジメントに有効。ただし、ためた分しか使えないという点はデメリットといえる。

④高効率照明

少ないエネルギーで十分な明るさを確保できる照明のこと。たとえばLEDがある。LED電球には、低電力で高出力の明かりを放射できるよう特別な電気回路が入っているため、蛍光ランプなどに比べて高価である。

身近な家電に使われている半導体

身近な家電といえるお掃除ロボットにも、たくさんの半導体が搭載されています。

家電といえば、自動でお掃除をしてくれるお掃除ロボットがありますね。

お掃除ロボットもコンピュータですから、やはり半導体が使われています。

どんな半導体が使われているのですか？

お掃除ロボットにはCPUやメモリはもちろん、カメラ、それにセンサーが多数搭載されています。モデルによりますが、部屋全体をカメラでチェックしておおまかな形をつかみ、CPUが掃除のコースをつくります。

なるほど。周囲を検知して、どう掃除していくかを決めるわけですね。

そうですね。そして、モーターで走行し、ゴミを発見するとファンを高速回転させてゴミを吸い込んで掃除していきます。掃除中も近接距離では**赤外線（IR）センサー**で障害物や壁、段差などを感知し、うまく進んでいくしくみです。

お掃除ロボットを動かすしくみは右ページです。

▶ 赤外線（IR）センサー
波長が0.78～100μmという赤外線の光を感知するセンサー。赤外線が熱を伝える性質を持つことから、人や動物などが放つ熱放射（赤外線）の量や温度の変化を感知するしくみになっている。

お掃除ロボットに使われる半導体

お掃除ロボットは複数のセンサーを活用して自律走行を行う。

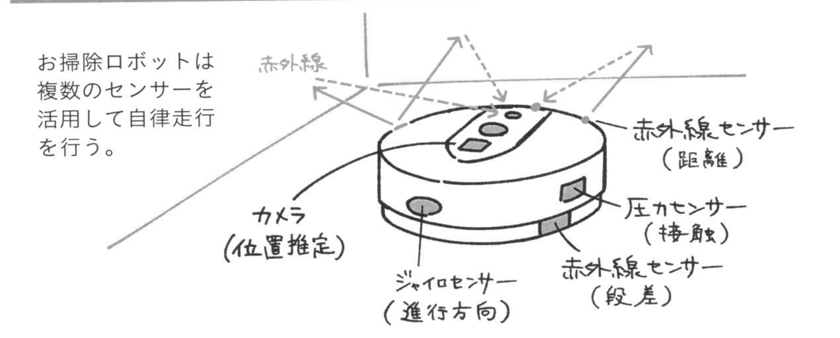

〈お掃除ロボットのしくみのイメージ〉

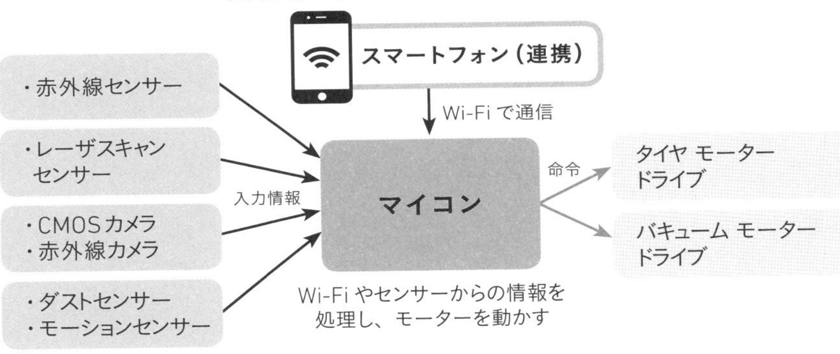

〈さまざまあるロボットの種類〉

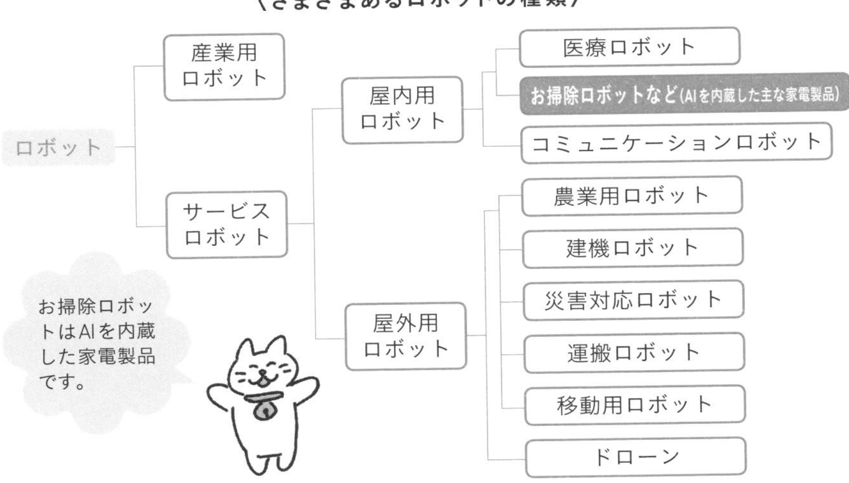

CHAPTER 5

製造現場で使われる半導体

製造の現場や工場などでは、製造装置のデジタル化、産業用ロボットの導入が始まっています。

製造装置のデジタル化や、産業用ロボットの導入はすでに始まっています。もちろん、支えているのは半導体です。

産業用ロボットはどのような用途で使われているのですか？

そうですね。たとえば自動車の組立て工場では、溶接ロボットや塗装ロボットが多量に導入されています。最近では、工場内のあるラインから運搬する際に使われる自動運送機や自動誘導車（AGV）のほか、ラインに配置して人間をアシストする協働ロボットがあります。

そうしたロボットや機械には、どのような半導体が使われているのですか？

動きの制御に**モーションコントローラ**が使われています。また、対象物の位置や距離などを把握するためのセンサー類のほか、頭脳にあたるマイコンやプロセッサ、さらに**プログラマブルロジックデバイス**などもあります。

▶**モーションコントローラ**
Motion Controller。機械やロボットなどの動きを制御するためのデバイスやシステムのこと。モーターを駆動するもので、位置や速度、加速度などを調整し、目的の動作を遂行する。

▶**プログラマブルロジックデバイス**
Programmable Logic Device(PLD)。製造出荷後に、ユーザー側が必要な回路の構成情報をデバイスに設定できる集積回路。手元で内部の論理回路を変更できるため、柔軟な運用が可能となる。大規模な集積回路はFPGA (Field Programmable Gate Array)と呼ばれる。

産業用ロボットの構成

ロボットの機能は主に「知覚」「認識」「判断」「動作」の4つです。各種センサーが知覚の機能を果たし、認識・判断を行うのはマイコンやプログラマブルロジックデバイスの役割です。その判断を元に動作を行うためにモーションコントローラが動作を調整します。

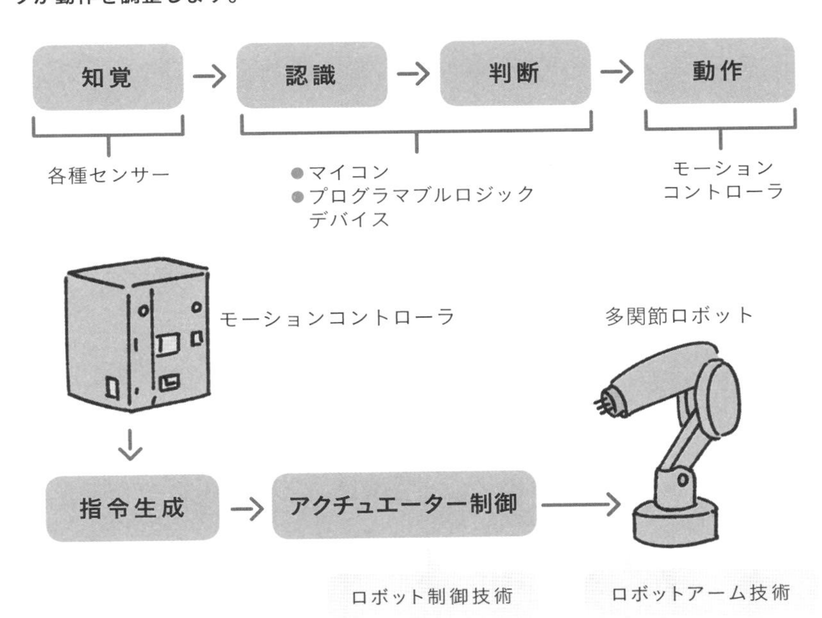

図のように、モーションコントローラが指令を生成し、アクチュエーター（入力されたエネルギーを物理的な運動に変換する機器）の制御を経て、モーターが動いてアームが動作をする。

多関節ロボット

人間の腕のような形状が特徴。汎用性が高いため、産業用ロボットとして広く用いられる。搬送から溶接、塗装、組立てといったさまざまな工程で活用できる。

第5章 生活に欠かせない半導体

CHAPTER 5

医療技術

高度医療技術で活用される半導体

医療現場においても半導体技術は多様な形で活用されています。その具体例を見てみましょう。

医療現場でも半導体は重要な役割を果たしていますよ。

そうなんですね。具体的にはどのような使われ方をしているのですか？

たとえば、X線検査もそうですが、高度な医療診断ではMRIやCTスキャンなどが行われます。こうした医療用の画像処理における画像データの取得・処理・記憶・表示に、デジタル信号処理技術や画像センサー、メモリなどが使われています。

心拍数、血圧、体温などの計測機器類にも半導体が使われていますよね？

そうですね。**生体信号の計測**には医療用のセンサーとして、血糖値を検出するセンサー、生体由来の分子を検出するセンサーなどが使われています。また、手術ロボットや医療機器の自動制御技術も昨今は進んでおり、そこではより高度なセンシング技術と、リアルタイム処理が求められます。

▶ **生体信号の計測**
生体の現象（脳活動・心拍・脈拍・発汗など）に伴って発生するさまざまな信号を計測し、数値化することで、生体の状態を検知する。生体情報として得られるものには、血圧、脈拍、呼吸、体温、排尿/排便、瞳孔反射、脳波などのバイタルサイン、無意識の反応（反射）、意識下で起こる随意運動などがある。

半導体が使われる医療機器の種類

民生向け医療機器

一般消費者が日常で利用できる機器のこと。市場のトレンドも考慮しているため、デザイン性や機能性、価格などが重視されている。

- 電子体温計
- 血糖値計
- 血圧計
- 補聴器
- 会話補助装置
- ウェルネスデバイス　など

電子体温計

産業向け医療機器

医療現場で業務用として使用される機器のこと。機器の安全性はもちろん、民生向けに比べて長期間使用するため耐久性も求められる。このほか、手術ツール・ロボットとして、内視鏡システムや手術支援ロボット「ダヴンチ」などもある。

診断装置モニタ機器

- 心電計
- 脳波計
- 血圧計
- 体温計
- 人工呼吸器
- インプラント　など

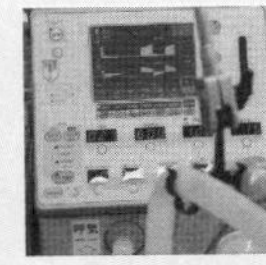
人工呼吸器

医療用画像処理機器

- 超音波診断装置
- CT
- MRI
- X 線検査　など

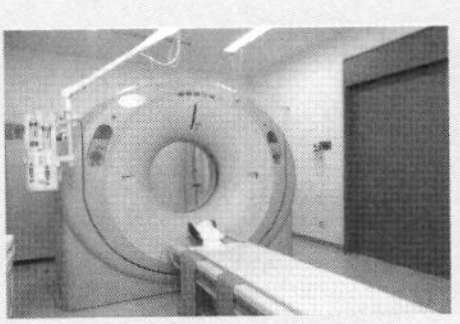
CT

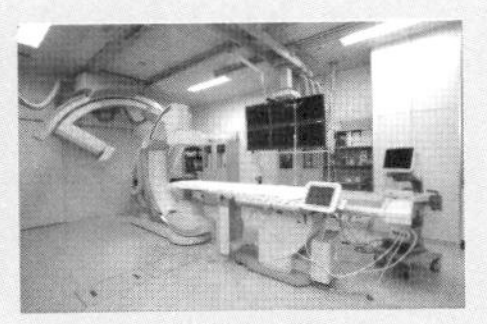
X 線検査

実験装置、器具

- 実験室計測器
- 人工透析器
- 解析装置　など
- 外科用機器
- 歯科用機器

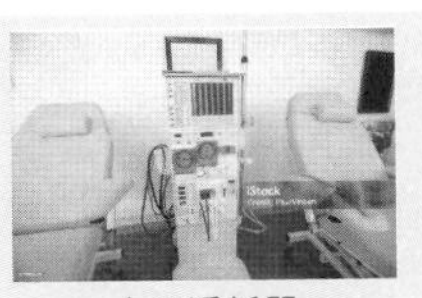
人工透析器

民生向けと産業向けでは、使用される半導体の設計が異なります。特に産業向けでは、より正確な診断や治療、継続的モニタリングなどが求められるため、厳格な規制や規格などに適合した開発が必要とされます。そのため、産業向けのほうが製造期間が長くなる傾向があります。

ヘルステックの領域でも活躍する半導体

ヘルスケアの分野でデジタル化が進んでいます。ヘルステックでの半導体を見ていきましょう。

ヘルステックにおけるデジタル化も進んでいますね。当然、半導体の活躍するフィールドになっています。

ウェアラブルデバイスも珍しいものではなくなりましたね。私も使っています。

歩数や運動量、心拍数はウェアラブルデバイスの普及で計測・記録することが容易になりました。こうした計測機器を用いると、ユーザー自身が自分の健康状態を把握できます。

センサーが小型になることで、個人用の機器として使いやすくなっているということなのでしょうか？

それはあると思いますね。そのほか、ヘルステック領域で期待されているのは、介護やリハビリなどをアシストするヘルスケアロボットです。ヘルスケアロボットを介して、生体データを医療機関と共有することで、高齢者の介護やリハビリを効果的に行うことができます。

▶ **ヘルステック**
Health（健康）とTech（テクノロジー）を組み合わせた造語。ヘルスケア・医療分野に導入された技術やサービスを指す。

▶ **ウェアラブルデバイス**
手首や腕、頭など身体に直接装着するデバイスのこと。さまざまなセンサーが内蔵され、生体信号を取得できるようになっている。代表的な例としてスマートウォッチがある。手首に装着し、心拍、脈拍、歩数、歩行距離などを計測する活動量計の機能を備えている。指輪型のデバイスもある。また、VRやXR用の端末としてスマートグラスがある。

ヘルステックに使われる半導体

オムロンヘルスケア株式会社が提供するサービスに「OMRON connect Pro」があります。企業のオフィスや店舗、公共施設など、人の集まるところにタブレット端末とオムロンの健康機器を設置し、利用者が測定した体組成の結果をスマートフォンを使わずに記録できるサービスです。タブレット端末で、利用者の個人認証と測定結果の紐づけ、データの送受信を行うことで、測定結果をクラウド上のデータベースで保存・管理できるようになります。

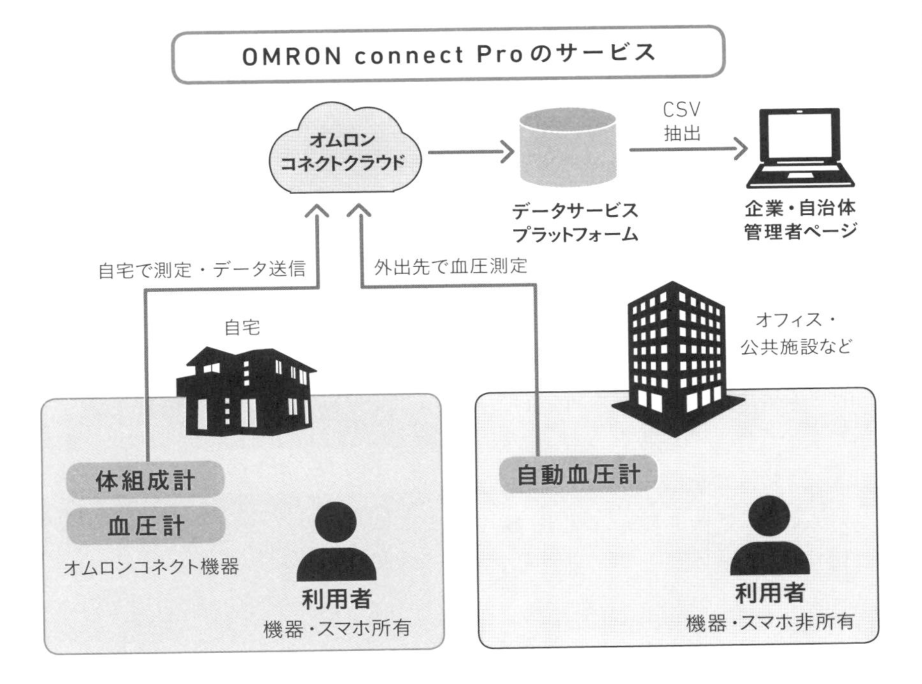

〈「OMRON connect Pro」の４つの特徴〉

① 健康管理サービスの運用が簡単

②集団の測定データを共有・分析が可能

③ 利用者に測定機器の配布が不要

④ 測定データを一元管理できる

出典：オムロン ヘルスケア株式会社「OMRON connect Pro」
（https://datahealthcare.omron.co.jp/omron-connect-pro）を参考に作成

社会インフラに使われる半導体

半導体は社会インフラにも使われており、さまざまな側面から社会を支えています。

社会インフラと半導体技術も密接に関わっています。通信インフラは当然、半導体がなければ成り立ちません。

ほかにも半導体が密接に関連するインフラはあるのですか？

交通インフラもその1つです。もちろん、電車や航空機の本体にも半導体デバイスは重要です。電気を動力とする電車のエネルギー効率の向上には、パワー半導体技術を用いた制御システムが使われていますし、効率的な運行には電車の制御システムが欠かせません。

電機・電子システムが導入される先には必ず半導体が必要なのですね。

エネルギーインフラの面でも半導体技術は注目されています。たとえば**アモルファスシリコン太陽電池**です。近い将来、ペロブスカイト太陽電池といった新素材の太陽電池により、都市部での設置も容易になるでしょう。

▶ **社会インフラ**
社会や生活を支える公共の基盤やしくみのこと。一般的に、「インフラストラクチャ（infra-structure)」を略してインフラと呼ぶ。電気、水道、ガスをはじめ、交通インフラや通信インフラなどがある。

▶ **アモルファスシリコン太陽光電池**
非結晶のシリコンを用いた太陽電池。薄くて柔軟で、さまざまな形状やサイズに加工しやすい。

ペロブスカイト太陽電池は右ページで紹介します。

半導体と社会インフラ

通信、交通、エネルギーの3つのインフラの代表的なものを紹介します。

①通信インフラ

無線・有線でやり取りするうえで必要な設備や機器などを総称して通信インフラという。現代ではインターネットを通じた情報の受発信も増大しており、社会に欠かせない。

・電話回線
・光ファイバー
・衛星通信ケーブル
・海底ケーブル
・ブロードバンド　など

②交通インフラ

交通インフラには、道路や鉄道、空港、港湾などがある。これらの場所では、電気設備や通信設備、乗り物などさまざまな製品が使われており、半導体も多く使用されている。

・自動車
・電車、列車
・航空機
・船舶　　など

③エネルギーインフラ

電気やガス、石油といったエネルギーに関連するインフラをエネルギーインフラという。近年は再生可能エネルギーも注目を集めている。

・スマートメーター
・発電機
・太陽電池
・大型蓄電池　など

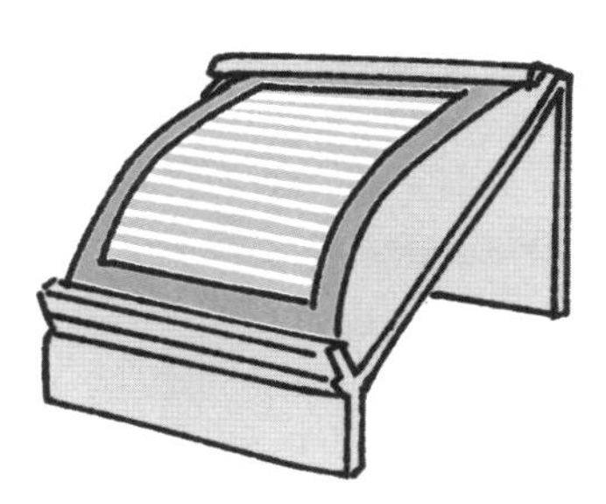

ペロブスカイト太陽電池

有機系太陽電池をフィルム状にしたもので、さまざまな場所に設置できることがメリット。今後の普及が期待されている。

半導体が可能にする進化したゲーム世界

ゲーム機には、GPUやメモリなど、最新の半導体がたくさん使われています。

ゲーム機はコンピュータですから、当然多くの半導体が使われています。むしろ現行の据え置き型ゲーム機は、特にグラフィックスの描画に関して、通常仕様のコンピュータよりも高性能なものが多いです。

最近のゲームでは3Dが当たり前になっています。

そうですね。大容量メモリを積んだ高性能な**GPU**により、より高速・高精細での3D描画が可能になりました。ゲームの方向性を大きく変えたといわれています。

携帯型のゲームの進化も著しいものがありますよね。

もちろんです。半導体の小型化・高性能化がなければ、ここまで携帯型ゲーム機は進化しなかったでしょう。また、ゲームシーンに応じて振動するといった仕様も可能になりましたが、ここにも半導体が使われています。

▶ **GPU**
Graphics Processing Unitの略。リアルタイム画像処理に特化したプロセッサのこと。行列計算やベクトル演算など、大量のデータの並列処理に適した構造を持っている。そのため、たとえば3Dグラフィックスのレンダリングが高速に実行できる。最近ではGPUのリソースを機械学習の演算に活用する（GPGPU）ようになっており、GPUの需要は広がっている。

ゲーム機に使われる半導体

ゲーム機に使われている主な半導体とその役割を見てみましょう。

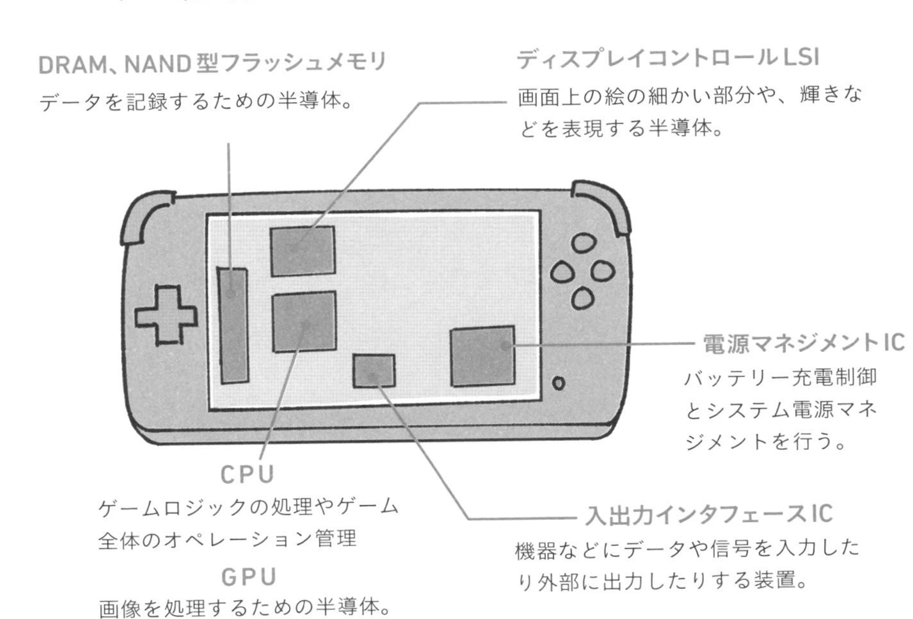

家庭用ゲーム機の「CPU」と「GPU」とは

CPU

ゲーム機の頭脳といえるのがCPUで、ゲームロジックをマネジメントし、周辺デバイスとの連携を行う。

GPU

画像を同時並列処理するのがGPU。性能が高いほどきれいな画質で表示され、ゲーム機では重要視されている。

ゲーム機で画像を表示する場合

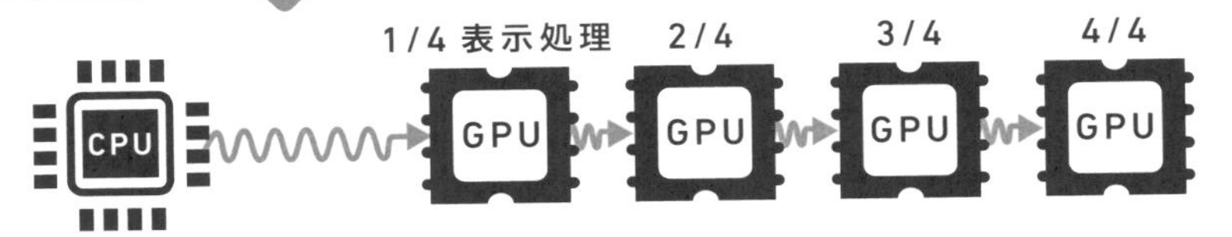

まずCPUが画像処理に関するデータセットの指令をGPUに送り、GPUが画像データを並列処理する。

AIを支える半導体「GPU」

P.136で紹介したGPUは、機械学習の膨大な計算リソースとして活用されています。

リアルタイム画像処理に特化したプロセッサ「GPU」は、AIの**機械学習**の計算リソースにも活用されています。

機械学習では膨大なデータを学習させる必要があると聞きました。

そうです。**ニューラルネットワーク**を用いた**深層学習**では、これまでの逐次計算処理から、GPUにより膨大な数のパラメータと大量のデータの並列計算処理ができます。こうした概念をGPGPUと呼びます。実は、GPUは深層学習の普及と進歩に大きく寄与しているのです。

画像処理に特化したプロセッサが機械学習の計算に使えるのですか？

特定のプログラミングモデルが使用されますが、GPUを主体として計算リソースを構成するアプローチは**HPC**の分野で注目されているものでもあり、もっと使いやすくなっていくでしょう。

▶ **機械学習**
Machine Learning。コンピュータが大量のデータで学習し、それを元に何らかの問題解決を行うこと。コンピュータは自らつくり出したパターンやルールを元にタスクを遂行する。

▶ **ニューラルネットワーク**
Neural Network。人間の脳の神経網を模した機械学習モデルの1つ。複数のニューロンが層状に結合された構造をとる。

▶ **深層学習**
ディープラーニング。多層のニューラルネットワークを使用して階層的に特徴を学習する。

▶ **HPC**
High Performance Computingの略。

CPU、GPU、GPGPUを理解する

GPUとは高い並列計算処理能力を持った半導体チップのことで、その特性を画像処理以外の用途に活用する技術がGPGPUです。たとえばディープラーニングなどにも活用されています。

〈CPUとGPUの違い〉

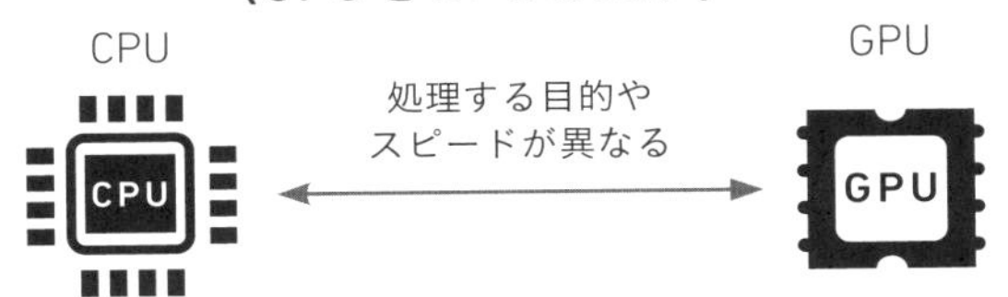

コンピュータの頭脳としての役割を持つ。1つひとつのタスクに集中し、下のイメージのように処理していくことが得意。

並列で計算することが得意。CPUに比べて高速で計算できるが、幅広く処理することは苦手とされている。

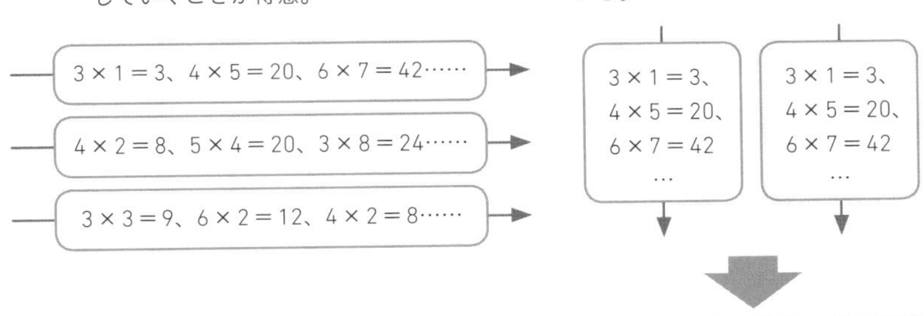

この高い計算能力を、機械学習や動画制作などに活かすことで、より高速な処理を実現するのがGPGPU。

GPGPUの活用例

GPGPUはさまざまな分野で活用されています。代表的なものにAIのディープラーニングや動画制作、ゲームなどがあります。

ディープラーニング

ディープラーニングは機械学習の手法の1つ。コンピュータがニューラルネットワークを介して大量のデータで学習することで、パターンやルールを獲得する。自動運転などに利用されている。

動画制作

画像や動画を処理する能力が高いものがGPUであるため、GPGPUは動画制作との親和性が高い。GPUの並行処理によって画像や動画の大量のデータを処理し、スムーズに作業ができる。

もっと詳しく！

電力とデータを供給

USBパワーデリバリーとパワー半導体の進化

USB給電を画期的に変えたUSBパワーデリバリーにも半導体技術の貢献がありました。

USBパワーデリバリー（USB Power Delivery：USB PD）とは、USBケーブルを使って最大100W超までの受給電を可能とするUSB電力拡張規格です。大容量の電力を給電できるのが特長で、5V、9V、15V、20Vに対応しており、スマートフォン、タブレット端末、ノートパソコンなど、さまざまなデバイスで使用可能です。

従来のUSB規格よりも高い電力供給が可能であることから、大容量バッテリーを搭載したデバイスを効率的に（高速に）充電できるようになりました。新素材のパワー半導体であるGaNがその代表です。USBパワーデリバリーはUSB Type-Cに対応しており、モバイル端末だけでなく、さまざまな分野で利用できます。複数の端子の接続ポートを備えているドッキングステーションなどを経由し、複数のデバイスをつないで電力供給をすることも可能です。

このUSBパワーデリバリーの実現には、半導体技術が大きく寄与しています。高い電力を安定して供給するには、高効率な電源管理や通信機能を持つ半導体チップが必要です。

USBパワーデリバリーによる電力供給

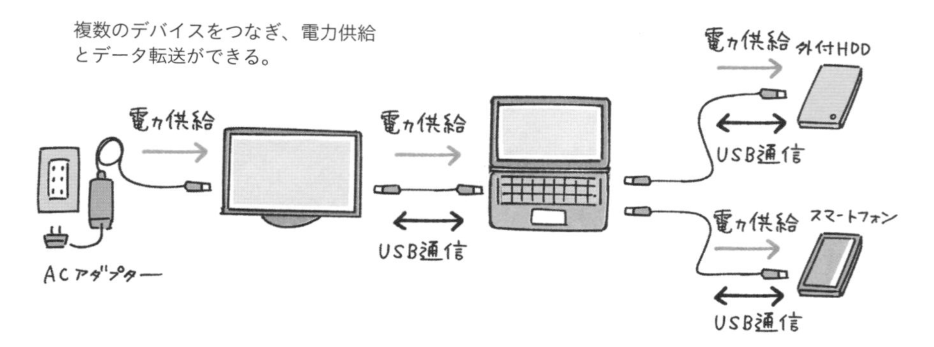

半導体の新素材GaN

新素材でできたパワー半導体の1つに、GaNがあります。GaNとはガリウムと窒素の化合物で、化合物半導体です。シリコンと比べてバンドギャップが大きく、応答性が高いため、高速応答性のあるインバーター／コンバーター、電子機器用電源システムの高効率化・軽薄短小化に貢献します。

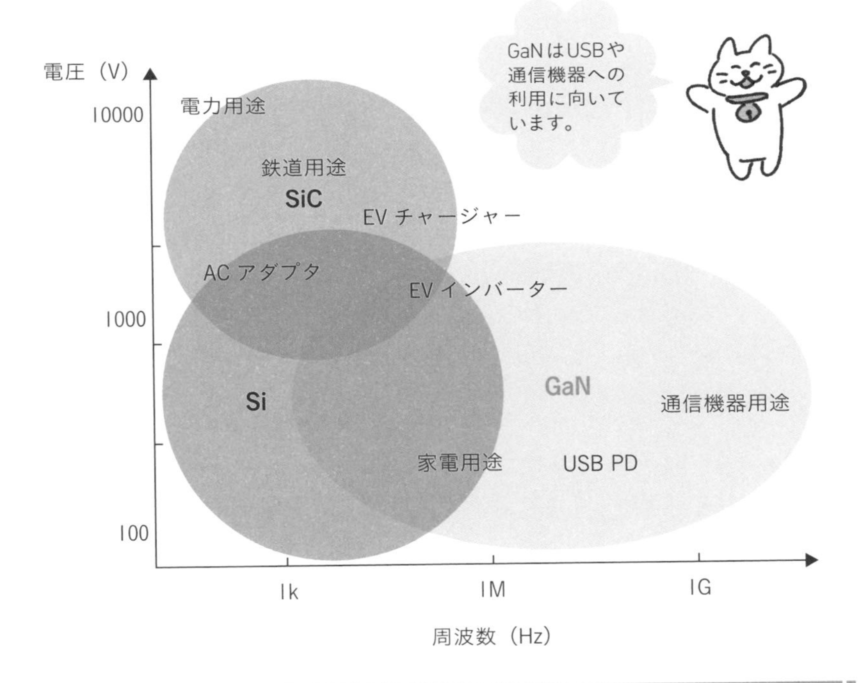

GaNの特徴ランキング

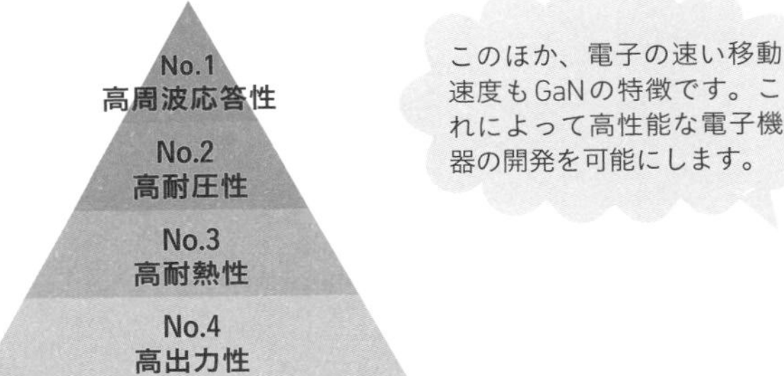

COLUMN

Q 電子機器のどこに半導体が入っているのですか？

A 電子機器の内部なので見えませんが、中核となる重要な部品です。

半導体の話をすると「半導体はどこに入っているの？」と思う人もいるでしょう。ただ、電子機器の内部、それも中核となる部分に使われているので、通常は見ることができません。パソコンを自作したり電子回路を組んだりする場合、いわゆるディスクリート半導体を使うことになりますが、それでも半導体部分は静電気やホコリから保護するためにシールドされているので、見ることはできません。

しかし、基本的には見る必要はないでしょう。半導体は身近な電子機器や家電に使われ、私たちの生活を支える存在ですが、一番重要なのは、意識せずに享受できるようになっていることだといえます。P.64で真空管の話題に触れましたが、真空管の課題の1つは、原理的に熱電子源を用いるため、消費電力が大きく、発熱すること。そうしたしくみのため、寿命が非常に短いことです。もちろん真空管自体もガラス管ですから壊れやすいのです。

半導体デバイスは、機能もさることながら、耐用年数も大幅に改善されています。組み込まれる電子機器の信頼性や品質の向上に直結しているわけです。

第6章

半導体から見る世界

半導体は重要な産業であるため、
世界各国は国を挙げて
自国の企業を支援しています。

王者・米国vs挑戦者・中国 半導体の主導者は？

半導体業界を牽引しているのは米国ですが、中国も力をつけてきています。

半導体製造で主導権を握る国といえば**米国**ですよね？

そうですね。ですが、最近は中国も自給自足化に力を入れていますよ。

中国は技術の開発、設計、製造のどれに力を入れているんですか？

一言でいうと全部ですね。半導体の技術開発と製造能力の向上、基礎研究から先進技術の開発、デザインと製造の統合に至るまで、**半導体のサプライチェーン**全体にわたる取組みが含まれています。主導権を握る諸外国から関係を断絶されたとしても独自に開発・製造を続けられるようにということですね。

そのようなことが可能なのでしょうか？

困難ではあります。この分野では米国をはじめ、さまざまな国々が強固な地位を確立していますから、**中国が直面する課題**は少なくないといえます。

▶ **米国**
主要企業にはインテルやNVIDIA、クアルコムなどがある。

▶ **半導体のサプライチェーン**
詳細はP.32を参照。

▶ **中国が直面する課題**
課題としては、たとえば米国による対中半導体規制や、半導体サイクルの悪化などがある。

米国と中国の半導体製造

中国政府は2015年、半導体自給率を2030年までに75%に引き上げるという計画を掲げ、金融支援や税制優遇措置も行ってきましたが、2021年時点で約17%と伸び悩んでいます。しかしながら、AIなどの先端技術では米国との格差がなくなってきているといえるほどイノベーションが起きています。

	米国	中国
技術開発	● 業界のリーダーであり,多くの革新的な技術が米国企業から生まれる。 ● インテル、AMD、NVIDIAなどが半導体設計において世界をリード。 ● ソフトウェアとハードウェアの統合に強み。	● 急速な技術開発を行っており成長を遂げている。 ● 国家主導のプロジェクトにより自国の技術力を強化中。 ● 多くの分野で米国企業に追いつくための投資を行っている。
製造能力	● 先進的な製造技術を持つが、大量生産においては製造委託会社に依存する傾向。グローバルなサプライチェーンで重要な役割を担う。	● 大量生産能力が急速に成長。国内の需要を満たすだけでなく、世界市場への供給能力も高まっている。
基礎研究力	● 強力な研究開発基盤を持ち、多くの大学や研究機関が革新的な研究を行っている。 ● 科学技術の基礎研究において世界をリード。	● 基礎研究の能力向上に向けて投資を増加。 ● 国家レベルでの研究開発プロジェクトに注力。 ● 一部分野で急速に追い上げ中。
先進技術の開発	● チップ設計と製造技術における革新的なアプローチ。 ● 極端紫外線（EUV）リソグラフィなどの最先端技術を使用。	● 製造技術の近代化と効率化に注力。 ● 先進技術の開発においては米国や他国に後れをとっているが、追いつく努力を続けている。

半導体産業では、中国は米国にとって無視できない存在になってきており、米国政府は中国への輸出規制措置などを打ち出しています（P.40参照）。

世界各国の半導体戦略を読み解く

米国を中心に回っている半導体業界ですが、世界各国・地域もシェアを狙って戦略を立てています。

各国が大金をつぎ込んでいるのも半導体業界の一面です。中国などは、半導体の輸入に石油以上の資金をつぎ込んでいます。また、米国からの供給遮断に備えて数十億ドルの補助金を投入し、自国の技術開発にまい進しています。

ほかの国はどうでしょうか？

そうですね。半導体は世界的な**分業体制**になっているのですが、どの国も自国の経済安全保障を守ることに必死になっています。

経済成長を考えた場合、グローバルにもシェアを拡大していかなければいけませんよね？

その通りです。ただ、現在は米国を中心とした業界ですが、米国が技術の国外移転に厳しい管理規制を課しています。これによって各国とも相手国や相手先の管理を厳格に行わなくてはなりません。

▶ **分業体制**
役割を分担して作業する体制のこと。詳しくは第4章を参照。

特に軍事防衛に係る戦略物資扱いとなる技術や製品は厳しいガイドラインに従わなければなりません。

各国・地域の半導体に関する政策動向

米国

- 半導体の設計、製造、研究開発のための国内施設・装置の建設、拡張または現代化への補助金（390億ドル相当）。
- 商務省管轄の半導体関連研究開発プログラム推進（110億ドル）。
- 半導体製造に関わる投資に対し25%の税額控除。
- 補助金の対象事業者は、受給日から10年間、中国を含む懸念国に先端半導体製造施設の拡張などを行わないことへの合意が必要。

政策
「CHIPSおよび科学法」（CHIPSプラス法）
（2022年8月施行）

韓国

- 先端半導体を含む核心技術を対象に「戦略産業特化団地」を造成。道路、電気・ガス・水道などの敷設費用の支援。
- 先端戦略技術の輸出や同保有者の海外M&Aなどに対し、政府の事前承認を規定。また技術流出防止のための保護措置義務を規定。
- 半導体を含む国家戦略技術の設備投資への税額控除率を8%から15%（10%の追加控除あり）に引き上げる税制改正案を発表。など

政策
「国家先端戦略産業競争力強化および保護に関する特別措置法」(2022年8月施行)
「改正租税特例制限法案」（追加の改正案を2023年1月発表）

台湾

- 先端技術研究費支出の25%、先端プロセスに用いる新規機器や設備費支出の5%を、当該年度の法人税より控除。
- 研究開発や対売上高比率などが一定規模・割合を満たすことが要件。控除総額が法人税額の5割を超えないことを規定。

政策
「産業創新条例（第10条の2および第72条）改正案」（※通称「台湾版CHIPS法」）（2022年11月17日閣議決定）

日本

- 高性能な半導体生産施設整備等に係る計画認定制度の創設。
- 認定された計画の実施に必要な資金に充てるための助成金交付、および助成金交付のための基金の設置。

政策
「特定高度情報通信技術活用システムの開発供給及び導入の促進に関する法律及び国立研究開発法人新エネルギー・産業技術総合開発機構法の一部を改正する法律」
（2022年3月施行）

出典：独立行政法人日本貿易振興機構（ジェトロ）「特集：半導体グローバルサプライチェーンはどう変わる？　国際戦略物資となる半導体、企業はどう動く（世界）」をもとに作成

業態ごとの戦略を読み解く

半導体の業態には、「垂直統合型」と「水平分業型」があります（P.92参照）が、それぞれ戦略も変わります。

国ごとに戦略が異なることはわかりましたが、企業はどうなのでしょうか？

もちろん企業ごとに異なります。業態には**垂直統合型**と**水平分業型**の2つがありますが、同じ業態の企業でも特徴を活かした戦略をとっているといえます。

どのように違うのでしょうか？

たとえばサムスン電子は、DRAMやNAND型フラッシュメモリで高いシェアを誇ります。垂直統合型の半導体メーカーでは、自社の半導体製造ラインで他社がまねできない製造技術の確立を進め、自社製品の製造ラインをフル稼働させることが主な戦略です。

水平分業型ではどうなるのでしょうか？

TSMCやグローバルファウンドリーズは、ロジックICを中心に最先端製造技術を最速で導入し、大規模集積化と演算処理性能の向上を図る戦略が中心です。

▶ **垂直統合型**
自社で設計・開発から製造までを行うことができる企業。

▶ **水平分業型**
半導体の設計まで行い、製造は外部に委託するファブレス企業（P.92参照）がその代表。垂直統合型の半導体メーカーもファウンドリ事業を請け負うケースがある（サムスン電子など）。

各企業が得意とする領域

企業によって得意な製品の領域は異なります。ここではそれぞれの領域の主要企業を紹介します。

ロジックIC

電子機器の頭脳の役割があり、パソコンやスマートフォンなどに搭載されます。この領域の大手といえば下記の企業で、最新の技術を持っています。

 **TSMC**

 **サムスン電子**

 **インテル**

メモリ

メモリはデータの記録を担う半導体です。次の企業はいずれもDRAMとNAND型フラッシュを主要な製品としています。

 **サムスン電子**

 **SKハイニックス**

 **マイクロン・テクノロジー**

センサー

物理的・化学的な現象を電気信号に変換する「知覚」の役割を担うデバイスです。その代表にCMOSイメージ（画像）センサーがあります。

 **ソニー**

 **サムスン電子**

 **オムニビジョン・テクノロジーズ**

パワー半導体

パワー半導体は高い電圧、大きな電流の制御や変換などに使われる半導体です。パワー半導体の大手といえばインフィニオン・テクノロジーズで、車載半導体の世界トップメーカーでもあります。

 **インフィニオン・テクノロジーズ**

 **オン・セミコンダクター**

 **三菱電機**

半導体メーカーは海外にも工場を持っている

世界の大手半導体メーカーは、海外にも半導体工場を設置して製造を行っています。

半導体の工場はどのようなところに建てられるのでしょうか？

世界の大手半導体メーカーで見ると、**自国のほかにもさまざまなところに工場を建てています**。たとえばTSMCは、台湾を中心に工場を設置してきましたが、最近では中国との関係が懸念されており、世界中で複数の工場を運営しようとしています。そのメインは台湾の新竹、日本の熊本、米国のアリゾナ、ドイツのドレスデンです。

▶ **さまざまなところ**
たとえば、需要地に近いところ、半導体サプライチェーンが充実しアクセスのよいところ、国家として安定しているところ、水と電力（再生可能エネルギー）が豊富なところなど。

工場の場所といえば、熊本に半導体工場が誘致されたときに、その経済効果が話題になりましたよね。

そうですね。ソニーの半導体工場も熊本にあります。ソニーはイメージセンサーなどの半導体の製造に特化していますが、日本のメーカーはこのように**IDM**半導体に特化して生き残りを図ったメーカーが多いですね。

▶ **IDM**
垂直統合型のデバイス開発・製造のこと。

世界の工場の着工数

加速する半導体需要に対応するため、各メーカーは新規工場の着工をはじめています。

〈地域別新規工場の着工数（2021 ～ 2022 年）〉

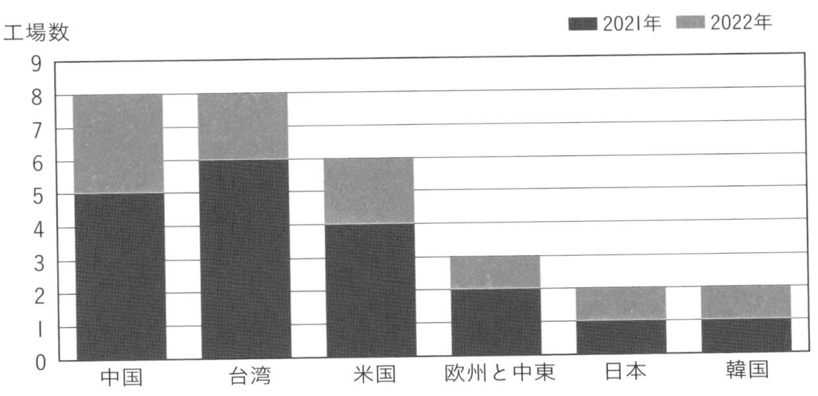

出典：SEMI FOUNDATION「新規ファブ建設により装置投資額が急増　SEMI WORLD FAB FORECAST レポートで明らかに」（https://www.semi.org/jp/news-resources/press/20210623）をもとに作成

主要国に工場を持つ主なメーカー

EU

- TSMC
- インフィニオン・テクノロジーズ
- STマイクロエレクトロニクス
- オン・セミコンダクター
- グローバルファウンドリーズ

中国

- SMIC
- サムスン電子
- インテル

米国

- TSMC
- サムスン電子
- インテル
- グローバルファウンドリーズ

日本

- TSMC
- キオクシア
- マイクロン・テクノロジー
- ルネサスエレクトロニクス
- 三菱電機
- 東芝
- ローム

韓国

- サムスン電子
- SKハイニックス

シンガポール

- グローバルファウンドリーズ

台湾

- TSMC
- UMC

世界における日本メーカーの特徴

米国や中国がリードする半導体業界の中で、世界各国と比べた日本企業の特徴を見ていきましょう。

日本は一時期、世界の半導体業界をリードしていました。他国に先を越されたとはいえ、日本がトップシェアを握っているものもあります。たとえば**半導体製造装置**や材料です。そのほか、**車載半導体**やセンサー技術なども日本企業が重要な役割を果たしている分野といえます。

日本は競争力や投資が弱い印象です。

はい。あとはイノベーションの速度にも課題があります。よく日本の企業体質で指摘されるのが、ビジネスモデルの変化や新技術に対する**オープンイノベーション**への後れです。ファブレス＋ファウンドリのビジネスはGAFAMの成長を後押しし、半導体需要も押し上げましたが、日本は最先端微細加工技術と、短サイクル多量生産を提供するインフラに投資できていなかったのです。

つまり、最先端のプロセス技術や大量生産能力で、競争上の劣位に立たされているということですね。

▶ **半導体製造装置**
半導体を製造する装置でさまざまな種類がある。詳細はP.103を参照。

▶ **車載半導体**
自動車用半導体ともいう。詳細はP.122参照。

▶ **オープンイノベーション**
製品開発や技術改革、組織改革などにおいて、自社以外の組織や機関などが持つ知識や技術を取り込んで自前主義からの脱却を図ること。

半導体製造装置・部素材の各国のシェア状況

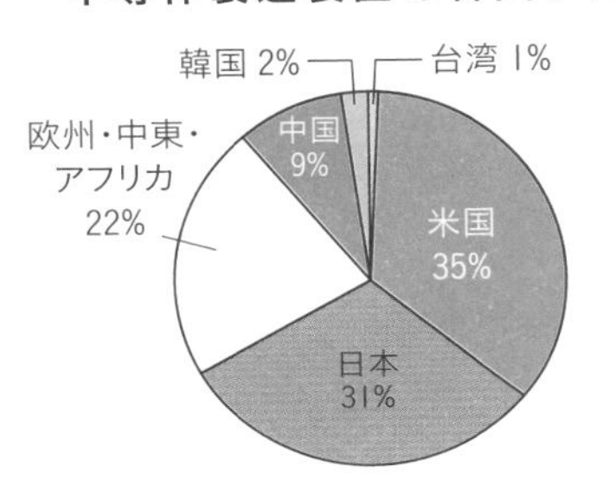

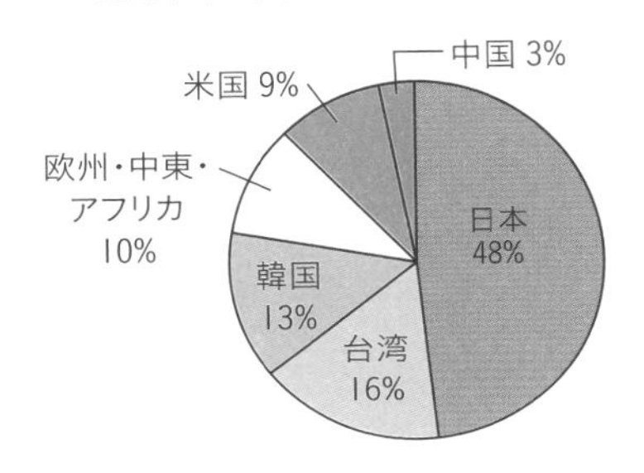

高度かつ繊細な技術力が求められる半導体製造装置産業では米国に次いで約３割、主要半導体部素材では約半分のシェアを日本企業が有している。

出典：経済産業省 商務情報政策局「半導体・デジタル産業戦略」（令和５年６月）をもとに作成

ロジックICのノード別生産能力比率

ロジックICとは、半導体部品の1つで、論理演算機能を持っています。また、ノードとは単位のことで、これが短いほど高性能です。最先端である10nm未満は台湾、米国、韓国、アイルランドの4か国でのみ生産されています。なお、アイルランドでは、インテルが先端半導体工場の稼働を始めたところで、シェアはまだ0%です。日本は、40nm～90nmで18%の生産を担い、一定の存在感は示すものの、技術面で後れをとっているといえます。

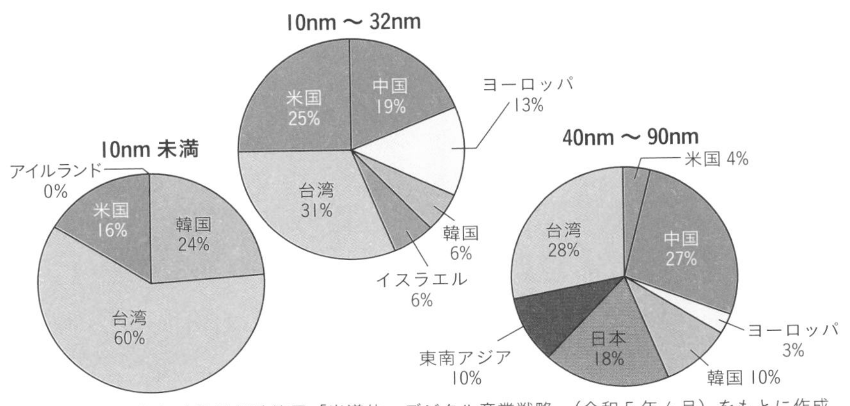

出典：経済産業省 商務情報政策局「半導体・デジタル産業戦略」（令和５年６月）をもとに作成

日本の半導体業界の変遷を見てみよう

日本の半導体業界は、「黎明期」「全盛期」「衰退期」と変遷してきました。その歴史を覚えておきましょう。

日本メーカーの次に、日本の半導体業界の変遷を見ていきましょう。半導体業界の歴史を大きく分けると、黎明期、全盛期、衰退期の3つに分けられます。

全盛期はどうだったのでしょうか？

全盛期は80年代～90年代初頭なのですが、この頃は「**DRAM**」などで世界市場をリードしました。

世界市場をリードしていたってすごいですよね。

そうなんです。ですが、その状況を政治の力で変えようとしたのが米国です。1986年に**日米半導体協定**が結ばれ、1987年には**通商法301条**に基づく制裁が行われました。いずれも日本にとっては不利なできごとです。

なるほど。これがきっかけで衰退期に入っていくというわけですね。

▶ **DRAM**
Dynamic Random Access Memory。電力が供給されている間だけ、一時的にデータを保存できるコンピュータメモリ。主にコンピュータの主記憶（いわゆるメモリ）に使われる。

▶ **日米半導体協定**
半導体に関する日米貿易摩擦を解決する目的で締結された日本の半導体産業にとって不利な協定。

▶ **通商法301条**
米国の条項の1つで、貿易に関して米国が制裁措置を発動できることなどが盛り込まれている。

日本の半導体業界の歴史

世界の半導体売上ランキング

黎明期（1970年代）

電卓・LSIブーム

- 日本の電子計算機産業が発展し、独自の集積回路（IC）技術が生まれる。
- ソニー、東芝、日立などが重要なプレイヤーとして登場。
- 電卓やオーディオ機器などの消費者向け製品がブームを牽引。

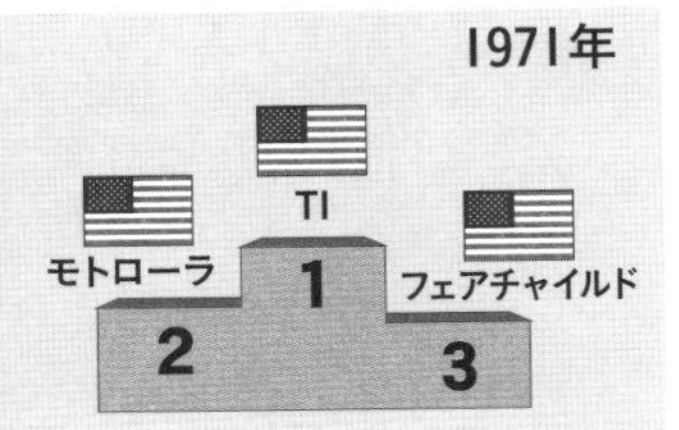

全盛期（1980年代）

「DRAM」などで世界市場をリード

- 高品質の製造技術と大量生産能力により、世界市場でのシェアを拡大。
- 任天堂のゲーム機など日本製電子機器が世界的に人気を博す。

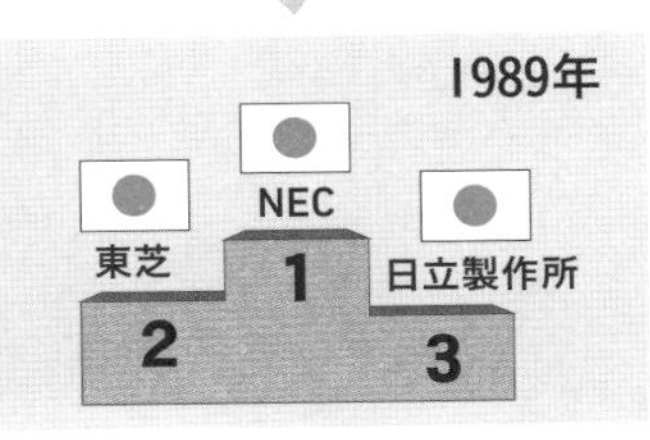

衰退期（1990年代〜）

技術革新にも後れをとりはじめる

- 日本企業の多くが市場シェアを失い、経営合理化や事業再編に迫られる。
- 近年では自動車やIoT分野への特化や、半導体装置・材料分野での競争力維持に注力。
- デバイス分野ではパワー半導体、画像センサー、NAND型フラッシュメモリに注力。

日米半導体協定締結の経緯と結果

1985年
- DRAMメーカーのマイクロンが、日本の半導体メーカー7社に対し、不当に64K DRAMを安売りしているとしてダンピング訴訟をおこす。その後、LSIメーカーのAMDとNational Semiconductorも相次いで訴訟をおこす。
- レーガン大統領が直々に米商務部へ「日本のダンピング問題」を調査するよう命令。

1986年
- 「日米半導体協定」締結へ。

1987年
- 第三国市場でのダンピングを理由にさらなる報復措置を発表。
- 日本製のパソコン・テレビ・電動工具に100%の報復関税を発表。
- 富士通によるフェアチャイルドの買収の阻止など、米国の締め付けが続く。

先端半導体の安定確保

政府の後押しで日本半導体復活へ

日本政府が後押しする半導体関連企業の設立と工場の誘致について見ていきましょう。

日本政府は、経済安全保障の観点から、国内での先端半導体の製造を強化しようとしています。その先端半導体製造の一環として、2022年8月にラピダス（Rapidus）という企業が設立され、北海道千歳市に新工場「IIM-1」を建設することが決定されました。

ラピダスには、トヨタ自動車、デンソー、ソニーグループ、日本電信電話（NTT）、日本電気（NEC）、ソフトバンク、キオクシア、三菱UFJ銀行の8社が総額73億円を出資。また日本政府はこのプロジェクトに3,300億円の支援を行うことを決めています。

このラピダスの新工場では、世界でまだ実用化されていないプロセスルール2nm以下の半導体を量産することを目指しており、2025年に試作ラインの構築、2027年頃の量産開始を予定し、自動運転やAIなどに必要な先端半導体の国産化を目指しています。プロセスルールとは微細化加工の精度を表し、製造技術の世代を表す指標としても用いられます。これまで10nm、7nm、5nm、3nmと進歩してきましたが、2nmが実用化されることで、半導体のさらなる高性能化と、エネルギー効率の向上が期待できます。

日本政府がこのような取組みを強化しているのは、先端半導体が重要な物資として、国内での安定確保が求められているためです。特に、自動運転やAI、スマートシティなど未来の社会において必要不可欠な分野での需要が高まっていることが背景にあります。

しかし、先端半導体の技術開発で日本は、台湾のTSMCや韓国のサムスン電子、米国のインテルなどに比べて出遅れています。そのためラピダスは、特注の半導体に特化し、少量多品種の製造を目指しています。

製造技術の向上とともに、事業として成り立たせるための顧客開拓も大きな課題になるでしょう。なお、ラピダスの社名はラテン語で「速い」という意味から来ています。

ラピダス設立の背景と事業展開構想

日本の半導体産業の強化を目的に設立されたのがラピダスです。設立の背景や事業展開の構想について見ていきましょう。

株式会社設立の背景

半導体の重要性と日本の半導体産業の凋落に対する懸念の高まり

↓

半導体の「経済安全保障」が喫緊の課題に。
多くのファウンドリが台湾と中国に局在

↓

AIや自動車(運転アシスト・自動運転)向けなど先端ロジック半導体の用途が拡大。
完成品における半導体の付加価値が一層高まる中、国内での内製化を実現

↓

戦略的日米欧連携。日米首脳会談を受け、日米で次世代半導体開発

↓

中長期の事業構想

次世代の3次元LSI、Nano Sheet GAA技術を日米欧連携で確立。国内外の素材産業や装置産業とも協力体制を構築

↓

2nm以下の最先端LSIファウンドリを日本で実現へ

出典：Rapidus株式会社「企業理念と経営方針」（https://www.rapidus.inc/）をもとに作成

ラピダス設立時の株主構成

ラピダスは、政府と日本の主要企業によって設立されており、国内の半導体産業を伸ばすうえで期待されています。

半導体の専門家集団が設立（2022年8月10日）

経営株主

創業個人株主（12名）

▲

企業8社が出資（2022年10月31日）

キオクシア株式会社、ソニーグループ株式会社、ソフトバンク株式会社、株式会社デンソー、トヨタ自動車株式会社、日本電気株式会社、日本電信電話株式会社、株式会社三菱UFJ銀行（総額73億円）

出典：Rapidus株式会社「会社概要」（https://www.rapidus.inc/about/）をもとに作成

COLUMN

Q 世界から見た日本の半導体産業はどうですか？

A 特定分野では競争力を保持しています。また、国際的な枠組みの中で一定の存在感があります。

日本の半導体業界は、1980年代の全盛期から大きくシェアを落としました。技術開発の面では、リーダーである米国をはじめ、台湾、韓国に約10年分の遅れがあるとされています。

しかし、日本は特定の半導体デバイスでは、今でも国際競争力を保っています。たとえば、非揮発性で記憶媒体などに使われる「NAND型フラッシュメモリ」、インバーターなどに使われる「パワー半導体」、自動車などの機械制御に使われる「マイクロコントローラ」、デジタルカメラやスマートフォンのカメラ部分に使われる「CMOSイメージセンサー」などです。あるいは、「露光装置」をはじめ、半導体製造に必要な装置やツール、材料の供給においても、日本は世界をリードしています。

このように、日本の半導体産業はすべての分野で斜陽化したわけではなく、また将来的にもそうなるわけではないでしょう。

ラピダスのように先端半導体を早急に量産しようとしている企業もあることから、国際的な枠組みの中で一定の存在感を示して行くと考えられます。

第7章

今後の使われ方と生活への影響

最後に、半導体の進化により、私たちの生活が
今後どのように変わるのか、
その可能性を見ていきましょう。

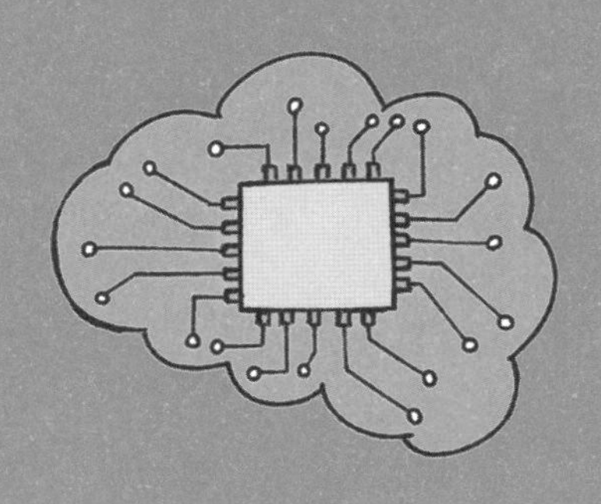

世界が抱える問題と半導体

あらゆるソリューションの軸になる半導体は、現在、世界が抱える問題とも無関係ではありません。

世界では今、共通の目標として持続可能な地球環境を実現させようとしています。半導体はその目標にも欠かせない技術です。

SDGsや地球温暖化防止ですね。日本政府も2050年までに**カーボンニュートラル**の実現を目標に掲げています。

そうです。特に**パワー半導体**の進化が脱炭素社会に大きく貢献すると考えられています。

パワー半導体が効率よく電力を供給することで、電力損失の低減につながるということですね？

そうですね。また再生可能エネルギーや蓄電池の利活用促進には、交流と直流をうまく融合し、制御する必要があります。インバーターやコンバーターは変圧したり、モーターを効率よく回したりする働きをします。需給バランスの管理や**電力アグリゲーション**といった電力マネジメントが求められています。

▶ **SDGs**
2015年9月に国連総会で採択された、持続可能な開発のための17の国際目標のこと。

▶ **カーボンニュートラル**
二酸化炭素などの温室効果ガスの排出量を実質ゼロにすること。

▶ **パワー半導体**
パワー半導体によって電力を制御できるようになり、太陽光発電や蓄電池などの直流を直接送電・変電／変圧することが可能になった。

▶ **電力アグリゲーション**
太陽光発電や蓄電池など、小規模な分散電源を統合・制御することで、巨大な発電所のように需要に合わせて電力を引き出したり、抑制したりすること。

電力インフラに用いられる半導体

半導体は電流のスイッチとしての役割もあり、電圧の変換や電流の制御なども行えることから、電力インフラの至るところに使用されています。

〈電力供給の流れ＝電力インフラ〉　〈パワー半導体が電力変換を行う〉

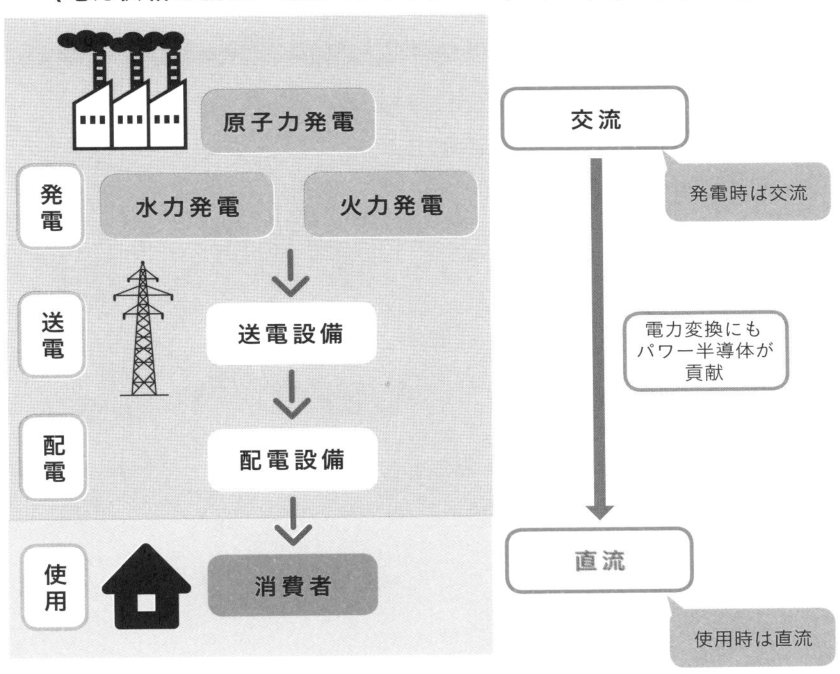

パワー半導体の４つの役割

パワー半導体は電力の制御や変換などを行うことができ、主に次の４つの役割があります。

交流→直流 (コンバーター)	直流→交流 (インバーター)
周波数変換	電圧昇・降圧 (レギュレーター)

電力を制御するデバイスがパワー半導体！

パワー半導体が大活躍しています。

半導体市場の今後の動向はどうなる?

半導体市場の今後の動向と技術開発の方向性を見ていきましょう。

世界の半導体市場は、景気の影響を受けますが、3〜5年単位で見ると常に伸長しています。その中にはロジック系でないユニークな半導体があります。たとえば画像センサーや**MEMSセンサー**です。

前述のパワー半導体もそうですよね?

はい、いずれもDXで導入が進むIoTやAIサービスの実装、脱炭素化の推進におけるキーデバイスと位置付けられており、精力的に技術革新が進んでいます。

やはり微細化や高集積化が目指されているのですか?

集積度は低いものの、性能を上げるために素子構造を工夫したり、材料を変えたりして進化しています。微細化以外の部分で価値を生み出していくという流れも起きています。それが、**環境面に配慮した設計思想**です。さらに分解や再利用までが考慮されており、こうした概念を**「サーキュラーエコノミー」**と呼びます。

▶ **MEMSセンサー**
微細な電気機械システムを構築するための技術「MEMS（Micro-Electro-Mechanical Systems）」を用いて製造されるセンサー類のこと。小型・軽量なことが特長。詳しくはP.89で紹介。

▶ **環境面に配慮**
半導体デバイスを回収・再利用しやすい部材開発など、電気・電子機器の省エネや省資源に貢献している。

▶ **サーキュラーエコノミー**
従来の供給視点による多量生産・多量消費の事業モデルから、モノや資源を循環させて環境負荷を下げ、さらにモノの長寿命化により価値を最大化しようとする事業モデル。メーカーはシェアリングエコノミーの流れを生み出すことも目指している。

サーキュラーエコノミーへの移行

リニアエコノミー

一方通行型の経済・社会活動

原材料
↓

製品
↓
利用
↓
廃棄物

一方通行型（リニア）から循環型への経済・社会活動の移行を目指す。

サーキュラーエコノミー

循環型の経済・社会活動

原材料 → **製品** → **利用** → **リサイクル** → **製品**

半導体業界におけるサーキュラーエコノミーの例

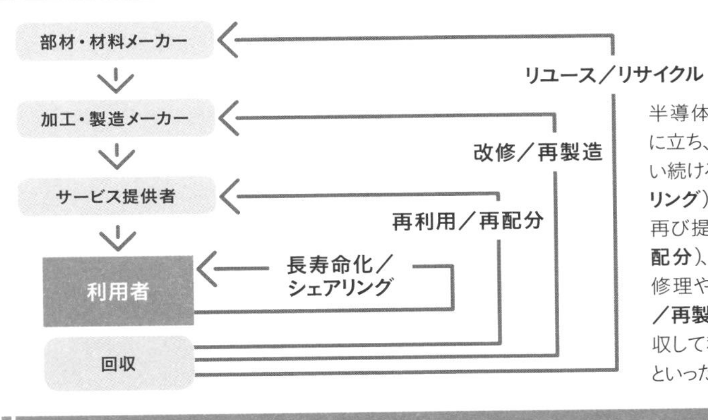

半導体デバイスの利用視点に立ち、利用者の間で長く使い続ける（**高寿命化／シェアリング**）、デバイスを回収して再び提供する（**再利用／再配分**）、デバイスを回収して修理や再製造を行う（**改修／再製造**）、半導体材料を回収して利用する（**リサイクル**）といった流れが起きている。

サーキュラーエコノミーの3つの原則

①廃棄や汚染を出さない

製品の設計段階から廃棄物や汚染を発生させないようにすること。

②製品と素材を循環させる

製品を使用したあとも循環させて使い続けること。

③自然を再生させる

資源を有効利用して自然のシステムを再生させること。

農業は半導体でどう変わる？

ここからは各業種と半導体との関わりや発展について見ていきます。まずは農業からです。

半導体は農業とどう関わり、どう発展していくのですか？

そうですね、まずは精密農業／**農業IoT**と呼ばれる領域ですね。農場全体がセンシングできるよう、センサーネットワークを構築します。それらのセンサーを使って、土壌の湿度や栄養状態、気象条件などのデータ、さらには作物の生育状態をリアルタイムでモニタリングすることで、より適切なタイミングで除草、水やり、追肥、農薬散布、収穫などの農作業を行うことができます。

▶ **農業IoT**
スマート農業とも呼ばれる。農業にICT技術を活用し、省力化や高品質生産などを目指すさまざまな取り組みのこと。農業用ドローンを使って農薬散布を効率的に行ったり、センサーで生育データを収集して品質を向上させたりする。

ロボットも使えるかもしれませんね。

もちろんです。自動走行や遠隔操作の農業機器、収穫ロボットや農薬散布ドローンなどを使えば、慢性的な人手不足にある農業を助けることができます。

AIによるデータ分析も期待される技術ですよね。また、農地を太陽光発電と農業とでシェアする動きも始まっています。

先進的な取り組みには、LED照明や空調などを活用し、閉鎖空間で水耕栽培を行う工場があり、近年急拡大しています。

半導体を活用した農業の例

農業に活用されている半導体の一例として「通い農業支援システム」を紹介します。このシステムは遠隔地からでも農地の状況を把握できるシステムで、管理する農地が分散している場合などに特に役立ちます。

〈通い農業支援システムのしくみ〉

ハウス内にマイコンとセンサーを設置し、温度などの情報をネットワーク経由で測定。その後、小型パソコンを経由して自動でスマートフォンに情報が転送される。

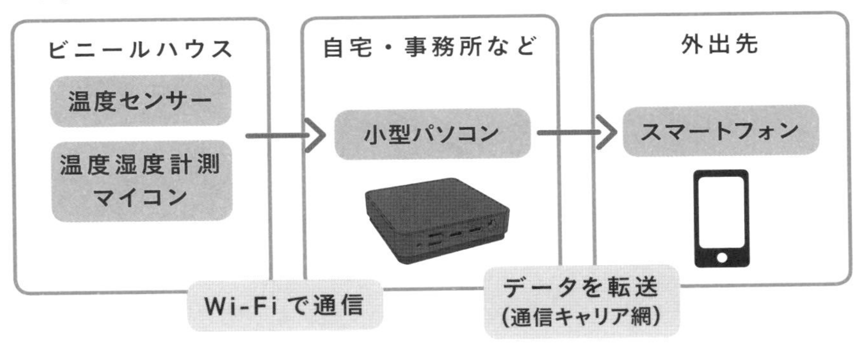

〈「通い農業支援システム」の4つのポイント〉

Point 1 スマホでチェック
ハウスの温度などの環境情報をスマートフォンのメッセージアプリで確認できる。

Point 2 データのビジュアル化
データは最高値・最低値・平均値のグラフなど、管理作業に利用しやすい形式で確認できる。

Point 3 システム化が容易
マニュアルに沿ってシステム化することで、ハウス遠隔監視システムを簡易に構築できる。

Point 4 比較的安価で導入
安価（1棟約2万円、通信費約1千円/月）で運用でき、既存ハウスに簡便に設置できる。

各自治体で「通い農業支援システム」の試験運用が開始されるなど、さまざまな取り組みが進められています。

林業は半導体でどう変わる?

半導体が使われているセンサーネットワークやドローンなどにより、林業も変化していきます。

林業も農業と同じように、センサーネットワークを使った**モニタリング**が有効です。

でも、広範囲の森林を管理するのは大変ですよね?

そこで重要になるのが**GPS**などを用いた位置情報です。たとえば、ドローンから空撮することで、森林の位置と生育状況をつかむことができます。このような情報を複数組み合わせることで、地域ごとの樹木密度を正確に把握し、最適な伐採計画を策定することが可能となります。

AIを使って樹木の生長予測もできそうですね。

はい。センサーネットワークによるモニタリングでデータを収集し、それらのデータを元に生態系をモデリングしたり、生態系をより理解し保護したりすることも、半導体技術を使えば可能となるでしょう。

▶ **モニタリング**
土壌の湿度、気温、樹木の生育状況などのデータを集め、林業者がより効果的な管理を行えるようになる。

▶ **GPS**
Global Positioning Systemの略。誰もが簡単に高精度の位置情報や時刻情報を取得できる。

林業でも技術革新が進んでいます。具体例を右ページで見ていきましょう。

ドローンによる森林調査のしくみ

日本の7割は森林に覆われています。森林は木材の資源地としてだけでなく、生物多様性、水源、防災、そしてCO_2吸収など、大きな潜在価値があります。半導体は、そんな林業でも活用されています。近年では、たとえば空撮画像から森林の資源量を調査し、森林を見える化するサービスなども出てきています。

〈森林の資源量を調査するサービス「Forest Scope」の例〉

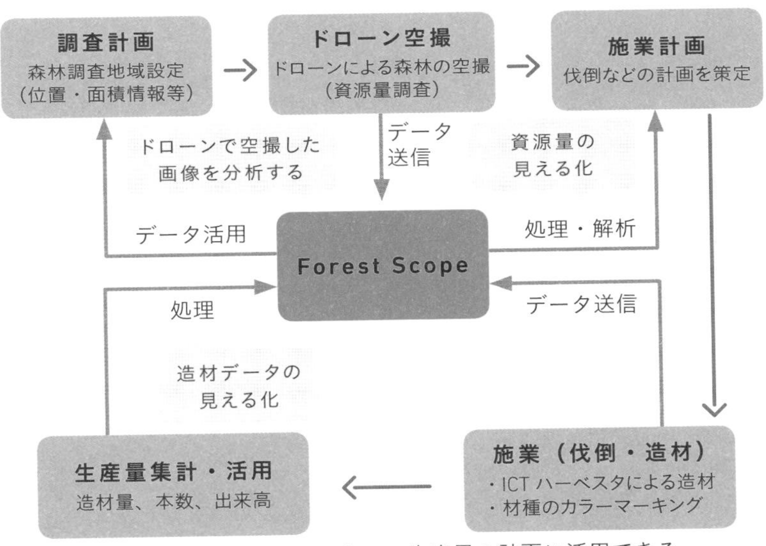

資源量を見える化することで、生産量の計画に活用できる。

ドローンによる調査のメリットとデメリット

写真の撮影

画像解析

森林資源量を算出

ドローンの急速な普及により、林業においてもドローンを使って森林資源量を調査できるようになりました。

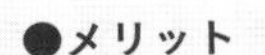

●メリット

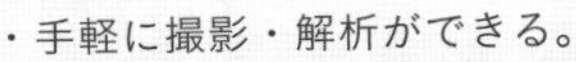

・手軽に撮影・解析ができる。

・低空飛行のため、高解像度の画像を取得できる。

●デメリット

・植生下の地表面計測が困難である。

水産業は半導体でどう変わる？

半導体技術の活用により、水産業ではすでに漁獲率が向上しています。

水産業では漁業で使う**魚群探知機**などで半導体技術が活用されています。

魚群探知機には超音波が使われているのですよね？

はい。半導体の進化とともに、魚群探知機に搭載されるセンサーも高性能になっています。養殖場では高解像度のカメラを使った画像処理技術も使われています。

ブルーカーボンも近年、注目されるようになってきましたね。

ブルーカーボンは、二酸化炭素の吸収源として新たな選択肢になることが期待されています。ほかにも、水質調査や**魚群行動分析**など、地球環境の保護につながる動きにも魚群探知機が活用されています。また、近年では陸上養殖が増えており、安定的に魚介類を養殖できるようになってきました。ここでも半導体デバイスによるIoTセンシング、自動給餌、各種ポンプ制御などが貢献しています。

▶ **魚群探知機**
水中に超音波を発射し、物体に当たって反射した超音波を振動子で検出することで、魚の位置や水深などを特定する機器。最近では、魚群探知機システム、海洋レーダー、GPSナビゲーションシステムが統合されるようになっている。

▶ **ブルーカーボン**
海洋生態系に取り込まれ、そのバイオマスや土壌などに蓄積される炭素のこと。

▶ **魚群行動分析**
魚の群れの動きや行動パターンに関する研究や分析のこと。音響センサー、水温計、水圧センサー、GPSデータなどで取得したデータを使ってモデル化し、集団形成、協調行動のメカニズムを理解しようとする。

魚群探知機のしくみ

魚群探知機では、超音波により水中の魚の位置や移動パターンなどを検知できます。魚群探知機を活用すれば、よりよい漁場を見つけ、漁獲率を向上させることができます。ここではそのしくみを見ていきましょう。

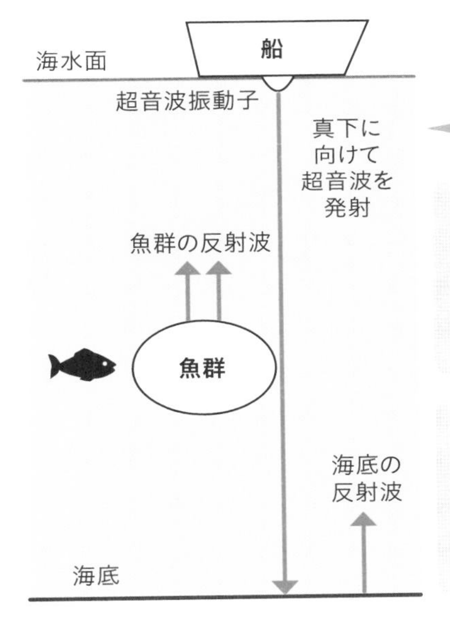

水中では一般的に、超音波は1秒間に1500mの速さで進む。

魚群探知機の原理

魚群探知機の原理は山びこと同じ。超音波が物体に反射して戻ってくるまでの時間で深度を計測する。

魚群探知機でわかるもの

- 水深
- 魚の大きさや場所
- 魚の数
- 海底の形状
- 海底の地質

魚群探知機が生態系保護に果たす役割

海の生態系を保護しようとしても、海中の状況がわからなければどうしようもありません。そこで役立つのが魚群探知機です。

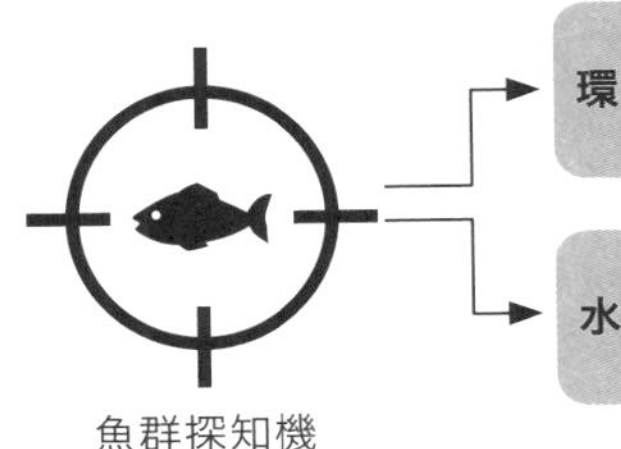
魚群探知機

環境調査
- 水中生態系の健全性や環境変化の調査
- メタンハイドレートといった海底資源の調査

水産資源管理
- 海洋生態系のモニタリング
- 魚群の分布状況や個体数の調査

海中の状況が把握でき、
効果的な生体系の保護ができるようになる。

防衛産業における半導体の重要性

半導体は経済だけではなく、防衛や軍事の分野でも重要な技術になっています。

半導体は、登場した頃から防衛産業と深い関わりがあります。**レーダーシステム**や**ミサイル迎撃システム**、ドローンの自動運転などに半導体は欠かせない技術です。

紛争地での無人機による攻撃などをニュースで聞くようになっています。

そうですね。ほかにも、**高出力レーザ兵器**などの防衛システムが進化を続けており、この分野も確かに半導体の性能向上が寄与してきた分野です。

最先端の半導体技術を手に入れると、予測と防衛処置を迅速化する総合管理・制御ができるということですね。

防衛産業として見ると、主要通常兵器の輸出上位国として米国、ロシア、フランス、ドイツ、中国が上位を占めます。一方、アジア・大洋州諸国の主要通常兵器の輸入は増加傾向にあり、その背景には近隣諸国の軍事力への対応などがあると指摘されています。

▶ **レーダーシステム**
電波を用いて対象物からの反射波を測定することで、対象物までの距離や方向を測る装置。軍用レーダーには航空機捜索レーダー、対空砲火統制レーダー、対水上艦艇捜索レーダー、対潜水艦捜索レーダー、地上目標捜索レーダーなどの種類がある。

▶ **ミサイル迎撃システム**
飛来してくるミサイルの軌道を予測し、ミサイル発射後は対象物を追尾し、撃墜するシステム。熱検知や画像認識などのセンシング技術が使われている。

▶ **高出力レーザ兵器**
高出力のレーザ光線を発射する兵器。レーザには固体レーザ、気体レーザ、化学レーザ、ファイバーレーザなどの種類がある。

防衛産業で活躍する半導体

防衛産業で半導体が関連するもののうち、現在研究中の技術や特に注目されている技術を紹介します。

弾道ミサイル対処技術

弾道ミサイルとは、ロケットエンジンにより発射されたあと、弾道軌道、すなわち放物線状に飛ぶものを指す。この対処技術として、遠距離探知センサーシステムがある。文字通り、弾道ミサイルを遠距離で探知できる。

野外手術システム

陸上自衛隊衛生科の装備。医療施設のない場所で初期外科手術を行うことができる。手術に必要な機能を4分割し、手術車、手術準備車、滅菌車、衛生補給車の4つの車両で構成される。

次世代警戒管制レーダー

ステルス機や弾道ミサイルなどに対応するために研究中の分散型レーダー。複数の空中線からの信号を合成するレーダー技術を適用し、小型の空中線を分散配置する。装置規模を抑えつつ、大開口レーダーと同等以上の探知性能を実現する。

電波反射特性評価技術

将来の航空機、艦艇、車両などのステルス化の検討に活用可能な技術。航空機、艦艇、車両などの電波反射特性（RCS）屋外計測装置とコンピュータによるRCSシミュレーションを用いてステルス性を評価する。

暗視ゴーグル

暗所での視覚を補助するための装置で、見える色は単色である。たいていは緑系統だが、これは人間が知覚しやすい色だからである。

ヘッドアップディスプレイ

軍事航空分野で開発された透明で大型のディスプレイ。自機の速度や進行方向などの情報をディスプレイに映し出せる。パイロットは視界を移すことなく運転できる。

迎撃システムや探知システムなどから、ゴーグル、ディスプレイなどまで、さまざまな技術が開発されるだけではなく、厳格な規制のもと、輸出入の対象にもなっています。

新たなサービスを生む インテリジェントエッジ

インテリジェントエッジによって、より迅速なデータの処理やセキュリティの向上が実現しました。

半導体の進化により、新たなデバイスやサービスの誕生が期待されています。注目されているのが、**クラウド**とネットワーク、そして**エッジデバイス**であるインテリジェントエッジの組み合わせです。

まず、エッジデバイスとは何ですか？

ネットワークの末端に接続される機器のことです。たとえば、スマートフォンがそうです。必要に応じて自律判断をします。

それがインテリジェント（知的）になるということですか？

はい。半導体が微細化されることで、より高性能なチップを搭載できるようになります。これにより、従来はクラウドで行っていたデータ処理をエッジデバイス上でリアルタイムに実行できるようになるわけです。ネットワーク経由で、組込みソフトウェアと連携することで、より多くの機能を提供することが期待されています。

▶ **クラウド**
コンピュータの利用方法の1つで、インターネット上のサーバーにアクセスしてサービスやアプリなどを使う形態。

▶ **エッジデバイス**
パソコンやスマートフォンなど、ユーザーの手元で使用する端末や機器。クラウドとの対比で用いられる。

インテリジェントエッジのしくみ

チップの微細化により、エッジデバイスにゲートウェイ機能を付加できるようになり、クラウドに接続しなくてもデバイス上でさまざまな判断が行えるようになっています。

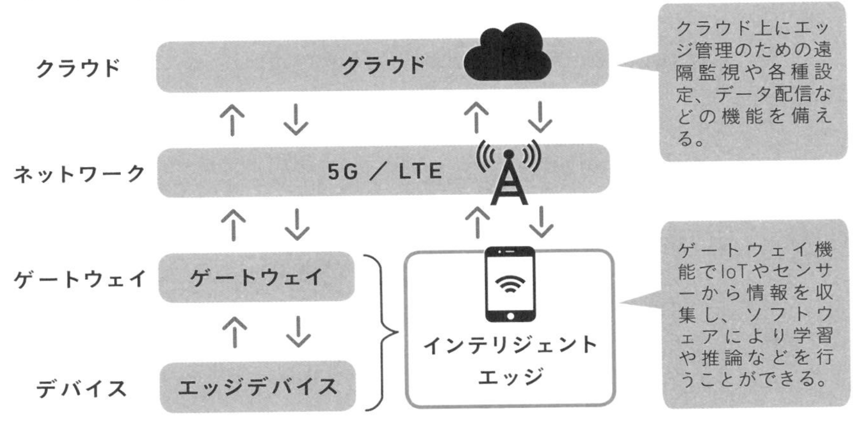

エッジ AI とクラウド AI の違い

AIは「エッジAI」と「クラウドAI」を使い分けるようになってきました。エッジAIは、学習済みのアルゴリズムをデバイス上に書き込み、そのAIでデータを処理するものです。大規模な処理は不向きですが、ローパワーでの動作が可能です。クラウドAIは、クラウド上のAIに常にアクセスしながらデータを処理するものです。アルゴリズムを常時更新できる利点があります。

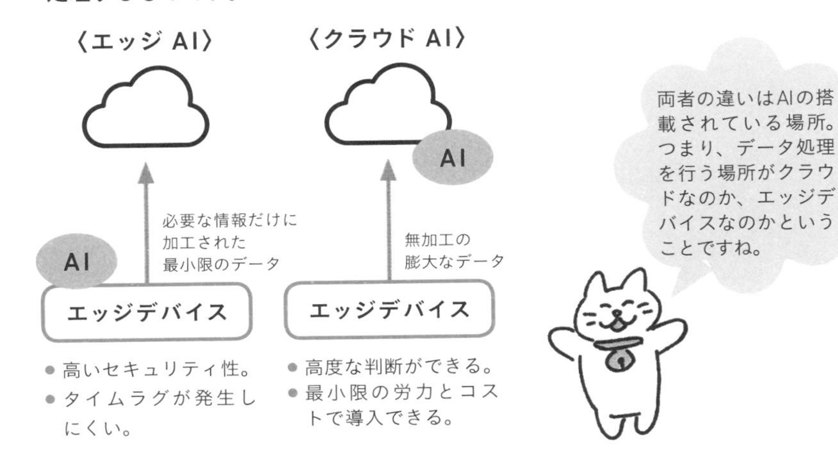

ソフトウェアデファインド

ソフトウェア開発の重要性

ものづくりの次のフェーズはソフトウェアデファインドというアプローチです。

ものづくりというと、（特に日本では）どうしてもハードウェアの印象が強いですが、実はソフトウェアも重要なファクターです。

現在のようなスマート家電ではなかった頃から、たいていの黒物家電や白物家電にはマイコン＋組込みソフトウェアが搭載されており、機器の制御などの機能を支えていました。また、昨今のデジタル化、インターネットやスマートフォンの普及はソフトウェアをベースにサービスを発展させています。

今後は一層、その状況が加速するはずです。そして、半導体技術の進化とともに、ソフトウェアの領域は製造現場にも拡大しています。工場IoTもそうですし、半導体自体の製造工程においても、その開発コストのほとんどを占めるのがソフトウェアに関する項目です。

近年のSoCにおいては、組込みソフトウェアの開発、設計・動作検証、IPの認定作業が全体の9割、一方でハードウェアの部分（デバイス製造）は1割弱に過ぎません。半導体製造においても、それだけソフトウェアは重要な領域となっているのです。

さらに今、ものづくり全般で注目されているアプローチが「ソフトウェアデファインド（Software-Defined）」です。これは従来、ハードウェアで実現していた機能をソフトウェアによって実装しようというものです。システムの機能に柔軟性を持たせ、それによって管理や運用が容易になることが期待できます。

このアプローチは、さまざまな分野に広がっています。たとえば「ソフトウェア・デファインド・ビークル（Software Difined Vehicle：SDV）」は、自動車に対し、従来の移動の道具だけではない付加価値を提供しようというものです。複数の対象車両から走行データを収集・分析することで、渋滞情報を予測して通知するシステムなどの提供が考えられます。こうした先進的な機能を随時アップデートするソフトウェアが実現していくことで、ユーザーは持続的に付加価値の高い体験を得ることができます。また、駆動モーター、ステアリング、ブレーキ、メーター、ランプ、エアバッグ、カメラなど、個別に管理していたアーキテクチャを一元管理することで開発・運用の効率を上げることも可能です。

ソフトウェアデファインドとは、要は一元化されたアーキテクチャとアップデート、それに新たなアプリケーションを統合して機能を強化するアプローチ手法です。こうした新たな手法を取り入れた動きが、ソフトウェア・デファインド・ネットワーク（SDN）、ソフトウェア・デファインド・ストレージ（SDS）など、さまざまな分野に広がっており、自動車産業の構造をも変えようとしています。

ソフトウェア・デファインド・ビークル

従来の自動車	SDV
● 部品ごとにECUを分散配置	● 結合ECUによりソフトを一括管理
● ECUごとにソフトとハードが一体化	● ソフトとハードが分離
● OTAによるソフト更新	● OTAによるソフト更新が容易

※ECUとは、エンジンやライトといった自動車のシステムを制御する装置のこと。
※OTAとは、無線通信によってデータの送受信を行う技術。

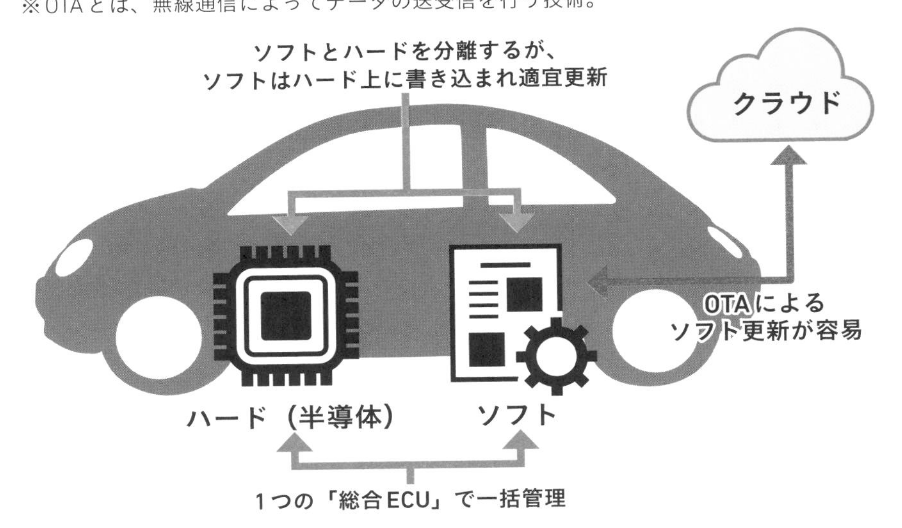

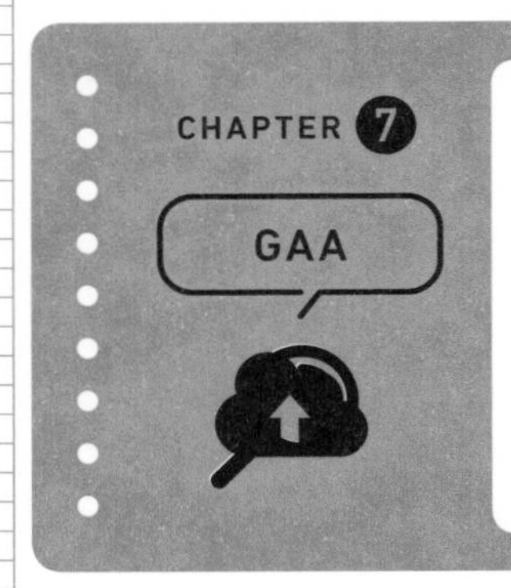

半導体の新構造として注目の「GAA-FET」

次世代のトランジスタ構造として注目の「GAA-FET」。
AIや自動運転への活用が期待されています。

半導体の**製造技術の解説**では、プロセスルールの微細化やチップレットの話がありましたが、今後も進化を続けていくのでしょうか？

新たなトランジスタ構造も提案されています。ICやLSIには一般的に、**プレーナー型FET**が用いられますが、その構造のまま微細化することが難しくなってきました。そこで登場したのが「**FinFET**」で、これが現在の主流になっています。しかし、FinFETでも微細化の限界が見えてきて、さらに提案されているのが「GAA-FET」と呼ばれる構造です。

それぞれ、どう違うのですか？

簡単にいうと、FinFETはプレーナー型FETの発展形で、電流のロスを抑え、高い性能と省エネ効果を実現したものです。一方、GAA-FETは、ゲートがチャネルの上下左右を完全に覆う構造をしており、大幅な面積縮小と高速化が図れるため、実用化が期待されています。

▶ **製造技術の解説**
第3章参照。

▶ **プレーナー型FET**
従来の金属酸化膜型電界効果トランジスタ（MOSFET）のことで、ソース、ドレイン、ゲートが同じ平面上に配置される。

▶ **FinFET**
Fin Field-Effect Transistorの略。従来のFinFETは、ソースとドレインの間にフィン状の構造（フィン）があり、ゲートがこれらのフィンを囲むように配置される。

トランジスタの構造の変遷と活用

プレーナー型FET

ドレイン
n型
p型
ゲート
ソース
基板
数十nm以上のプロセス
絶縁膜

世界最初のトランジスタ

1947年に発明された最初のトランジスタは3つの主要領域（ゲート絶縁体、ソース、ドレイン）からなるプレーナー型FET構造。ゲートには金属絶縁体が使われ、ゲート電圧によってチャネルの伝導度が制御されるしくみ。

FinFET

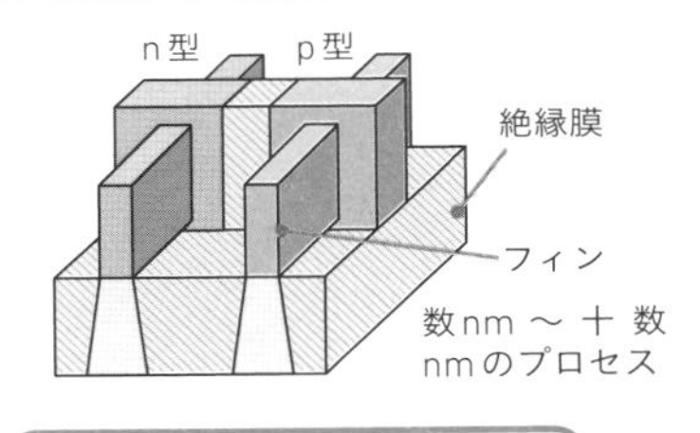

ゲートをフィン状に構造化

FinFET（フィン型フィールド効果トランジスタ）は、ゲート電極をフィン状に構造化することで電力効率を向上させた。2000年代後半から2010年代初頭にかけて普及し、現代のプロセス技術で主流となっている。

GAA-FET

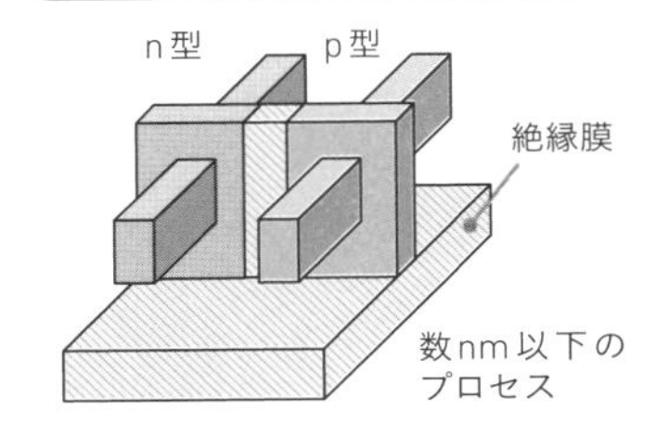

ゲートがトランジスタを囲み厳密化

FinFETを発展させたのがGAA-FET(Gate All Around-FET)。ゲートがトランジスタの周囲を完全に囲み、これにより厳密なゲート制御が可能になると期待されている。現在、各社で実用化が始まっている段階で、次世代の半導体に積極的に活用される見込み。

GAA-FETの活用例

データセンター	ニューラルネットワークを用意するにあたり、データセンターの省スペース化を実現。
サプライチェーン	高い演算能力により仮想空間をつくり上げ、サプライチェーンのシミュレーションが可能に。

GAA-FETは性能や効率が高いため、省エネにも効果があり、サスティナビリティの面からも必要とされています。

DX推進に期待される半導体の役割

現在、デジタル技術で業務を変革するDXの推進が急務ですが、ここでの半導体の役割を見ていきましょう。

社会が大きくデジタル化にシフトしている中で、半導体に期待される役割は何でしょうか？

まず、エッジコンピューティングの領域です。エッジ側でセンサーが収集する大量のデータをリアルタイムに処理するためには、高性能かつ省コストで動作する半導体が欠かせません。新しい半導体技術がエッジコンピューティングの発展に寄与すると期待されています。

AIもこれから発展する技術だと思いますが、半導体はAIが実現する社会にどう寄与するのでしょうか？

AI、特にニューラルネットワークモデルで機械学習を行うシステムには、高性能な計算能力が必要となります。GPUや**TPU**など、機械学習の計算に適した半導体プロセッサは今後ますます需要が増し、さらなる高性能化が求められます。また、**量子コンピューティングの利活用**もデジタル社会の目指すところです。

▶ **TPU**
Tensor Processing Unitの略。Googleが独自に開発した機械学習に特化した集積回路(ASIC:Application Specific Integrated Circuit)のこと。Googleのテンソルフローフレームワーク専用に設計されたチップを使用している。

▶ **量子コンピューティングの利活用**
量子計算に特化した半導体デバイスの開発が進んでいる。

DXで活躍するエッジコンピューティング

DXとは、デジタル技術によって製品やサービス、ビジネスモデルなどを変革することをいいます。スマート家電やセルフレジなどに加え、先進的な事例では自動車や工場設備のIoT化などがあります。これらのIoT化に欠かせない技術がエッジコンピューティングです。スマートフォンのような端末や、端末近くに設置したコンピュータなどでデータを処理し、クラウドと連携する技術のことです。

〈エッジコンピューティングのしくみ〉

クラウド

特定のデータのみを集約

アプリの更新

処理したデータを送信

エッジデバイス

スマートフォン　スマートグラス

データを処理

エッジコンピューティングのポイントはネットワークの負荷を軽減することです。これによりさまざまなメリットがあります。

エッジコンピューティングのメリット

- データ処理の遅延が低い
- セキュリティ性が高い
- データ量が低い
- 低消費電力のシステム構成

エッジコンピューティングの活用事例

〈自動車の自動運転〉

ドライバー不足が叫ばれる昨今、自動車の自動運転は特に注目されている。そこで活躍するのがエッジコンピューティング。障害物を検知したり、交通状況をリアルタイムで共有したりできるようになる。

〈スマートファクトリー〉

AIやIoTなどの技術によって最適化された工場のこと。エッジコンピューティングにより素早くデータを処理することで、ロボットや製造設備の効率化・自動化が図られ、セキュリティ性も高まる。

メタバースの構築に不可欠な半導体の性能

インターネット上に構築された仮想空間であるメタバースの成否には、半導体の性能が大きく関わります。

メタバースも注目されていますが、半導体はどう関わってくるのですか？

メタバースこそ、半導体技術によって成り立つ世界といえます。インターネット上に仮想空間を構築するには、さまざまな種類のセンサーが必要です。

どういうセンサーが必要なのですか？

視覚的な体験の実現には、高解像度複眼カメラや**LiDAR**などが取得した３次元マッピング情報をヘッドマウントディスプレイや各種ディスプレイに投影し、GPSや加速度計、ジャイロセンサーなどが位置情報を、タッチスクリーンや**触覚センサー**がユーザーの操作を、**生体センサー**が反応をシステムに伝えます。

メタバース内でのコミュニケーションには音声も必要ですよね？

もちろん、コミュニケーションに必要ですし、音響効果は没入感としても重要です。

▶ **LiDAR**
レーザ光を照射し、その反射光の情報を元に対象物までの距離や対象物の形状などを計測する技術。物体までの距離を正確に測定できるだけではなく、物体の立体的な特徴も把握できる。

▶ **触覚センサー**
人間の触覚を模したセンサー。触っている状況や力、温度、痛さなどを検出し、電気信号に変換する。

▶ **生体センサー**
体内で発生する微弱な電気信号をセンシングする技術で人間の心拍や呼吸の情報を取得するなど、生体から発せられるさまざまな情報を数値化するセンサーのこと。

メタバースに必要とされる半導体

メタバースとは、インターネット上に構築された3次元の仮想空間のことです。現実に似た奥行きのある世界で、ユーザーは自分の分身であるアバターを使って活動します。その際、メタバース上のアバターと現実空間の自分をつなぐため、視覚や触覚の役割を果たすのが半導体デバイスであるセンサー類です。

メタバース

コンピュータや各種ネットワーク内に構築された3次元の仮想空間やそのサービスのこと。

実際には現在の1000倍は
コンピューティング能力
が必要

より多くの半導体が必要になる

〈メタバースとエッジサーバー〉

日常生活でメタバースを活用する場合、世界中の至るところにエッジサーバーが必要。

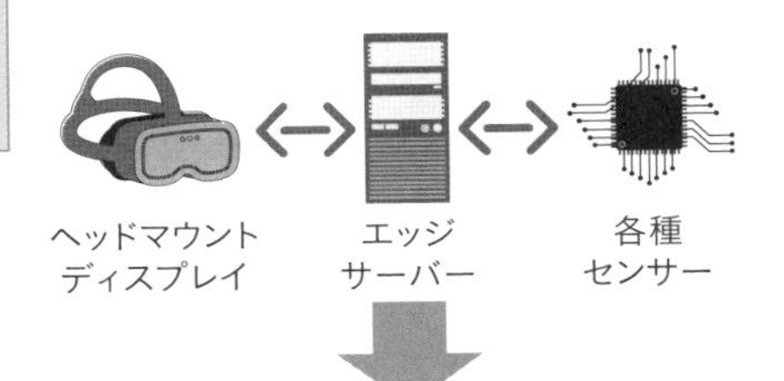

エッジサーバーに必要な半導体

- CPU
- DRAM/AND型フラッシュメモリ
- ネットワークLSI
- 直流電源パワーデバイス

メタバースに必要な要素

メタバースのシステムの構築には、エッジサーバーのほかにもさまざまな要素が必要です。ここでは主な要素を紹介します。

3次元空間

メタバースのベースとなる空間。現実空間に近い体験ができる。

アバター

メタバースの3次元空間におけるユーザーの姿。服装や容姿などを自由に変更可能。

AI(人工知能)

システムの自動管理やコンテンツ制作などのサポートを行う。

メタバースの映像や情報などを取得するには、ヘッドマウントディスプレイ(HMD)などのツールが必要です。HMDには、ユーザーの動きや周囲の環境を検知するセンサーや通信機能などに半導体が活用されています。

AIと半導体が可能にするスマートシティ

AIと半導体技術の掛け合わせが可能にするものの1つにスマートシティがあります。

メタバースはデジタルの中にリアルを取り込む技術ですが、逆に**リアルの中にデジタルを持ち込んで、暮らしをもっと豊かに、安全にしようというのがスマートシティのコンセプトです**。

デジタルで街が豊かで安全になるのですか？

スマートシティはさまざまなセンサーを街中に張り巡らし、それらのセンシング情報を使ってAIが予測・分析を行い、交通やエネルギー、通信などの暮らしのインフラを最適化しようというものです。

たとえば、電力使用が集中すると予想される地域に電力を回すなど、効果的な配電が可能になるということですか？

そうですね。BEMS（ベムス）によるオフィスや商業施設のエネルギー最適化、HEMS（ヘムス）による節電および家庭の電力の見える化など、電力マネジメントの効率化はスマートシティの柱の1つです。

▶ **BEMS**
Building Energy Management Systemの略。オフィスビルや商業施設のエネルギー使用量を一元管理・分析することで、全体でエネルギーの最適化を図るシステム。各種センサーや監視装置、制御装置などで構成される。

▶ **HEMS**
Home Energy Management Systemの略。家庭におけるエネルギーの管理システム。電気機器の使用量や稼働状況を「見える化」し、電気の使用状況を把握することで自らエネルギーを管理する。政府は2030年までにすべての住まいにHEMSを設置することを目指すとしている。

スマートシティに使用される技術

スマートシティとは、ICTなどの新技術や大量のデータを活用しつつ、マネジメント（計画、整備、管理、運営など）の高度化により、企業や生活者の利便性や快適性の向上を目指す都市や地域をいいます。主に次のような技術が活用されます。

IoT

センサーとIoTを駆使した交通管理やごみ管理。

BEMS

オフィスやビルなどのエネルギーの最適化。

EV

電気自動車（EV）の普及によるCO_2の削減。

再エネ

再生可能エネルギーの導入によるCO_2の削減。

HEMS

各家庭の電力の見える化と節電。

スマートシティでのAIの活用

スマートシティの実現に欠かせないAIの活用例を見ていきましょう。

交通システムに導入

交通データをリアルタイムに分析

・渋滞の軽減
・交通フローの最適化

自動運転技術にもAIが活用されています。

エネルギーの消費データの分析

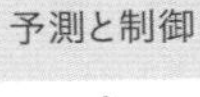

エネルギー使用パターンの予測と制御

最適なエネルギー計画が可能になる

太陽光・風力・水力・火力・原子力 など

半導体の進化で生活はどう変わる?

エンターテインメントからライフラインまで、半導体の進化は生活をどう変えていくのでしょうか。

半導体技術が私たちの生活にどう関わっているか、わかりましたか?

通信インフラ、交通インフラ、メタバース、スマートシティ、エネルギー効率の向上など、さまざまなメリットがあることがわかりました。

医療機器の進歩も重要だと思います。高度医療に通信インフラを合わせれば、広域的な医療が期待できますね。

自動運転技術も期待されている分野です。完全自動運転の実現というより、無人の低速自動配送車や、先頭車のトラックを自動運転の後続車が追尾するというシステムの実用化が進んでいます。特に労働力不足が大きな問題となっている物流への導入が期待されています。

身近なところでは、お掃除ロボットのようなスマート家電もありますね。半導体の進化に伴い、私たちの生活がどんどん便利になりそうですね。

▶ **自動運転のレベル**

自動運転のレベルは国際的な基準としてレベル1〜5に分けられる。レベル1〜3は運転席にドライバーが必要であり、レベル4、5は運転席が必要。

レベル1
運転支援
レベル2
部分運転自動化
レベル3
条件付運転自動化
レベル4
高度運転自動化
レベル5
完全運転自動化

半導体が「空飛ぶクルマ」を実現させる？

空飛ぶクルマは電動化・自動化といった航空技術によって実現されます。クルマといってもヘリコプターやドローンの延長というイメージに近く、陸上を移動することはできません。

空飛ぶクルマは、道路や橋、トンネルを必要としない交通が可能ですので、地球環境にもやさしいです。

〈空飛ぶクルマの特徴〉

電動
部品点数：少ない
整備費用：安い

自動操縦
操縦士　：なし
運航費用：安い

垂直離着陸
離着陸場所の自由度：高い

空飛ぶクルマの利用用途

都市間輸送
都市中心部から地方、郊外への旅客輸送。

都市内輸送
都市内での旅客輸送。

空港などからの二次交通
空港と目的地を結ぶ旅客輸送。

エンターテインメント
娯楽施設や観光地などでの周遊飛行。

観光地へのアクセス
娯楽施設や観光地への観光客などの旅客輸送。

離島や山間部を結ぶ路線
離島と本土、離島間、山間部と都市部を結ぶ旅客輸送。

緊急医療用輸送（医師用）
災害発生時や急病人発生時などに、都市部、地方を問わず緊急医療目的での医師の輸送。

緊急医療用輸送（医師・患者等用）
災害発生時や急病人発生時などに、初期治療を行う医師や患者の緊急搬送。

荷物輸送
海上ルートや山間部、都市部などでの荷物の輸送。

COLUMN

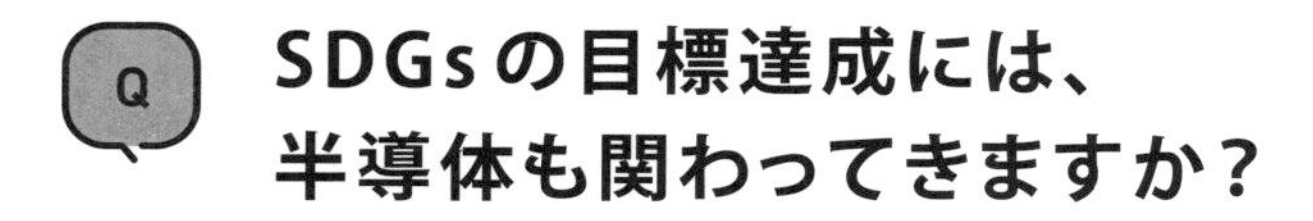

Q SDGsの目標達成には、半導体も関わってきますか？

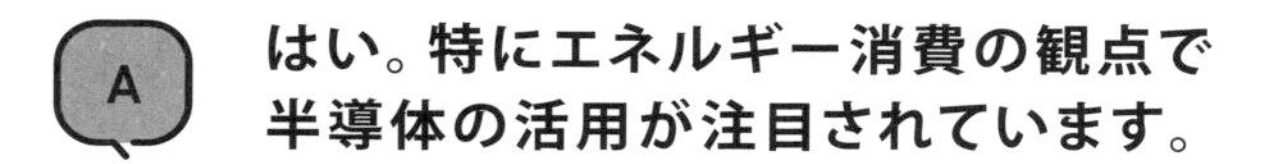

A はい。特にエネルギー消費の観点で半導体の活用が注目されています。

SDGsの観点では、まず半導体技術の進化が電子機器の省エネ化を実現し、さらにエネルギー効率の向上につながるものと期待されています。

これまでに見てきたように、微細化する半導体は自身の消費電力を抑えるだけではなく、組み込まれる機器の小型化、低消費電力化に貢献します。それにより、モバイル端末、サーバー、家電製品など、さまざまな機器においてシステム全体のエネルギー効率を上げられるわけです。

また、半導体技術を用いたスマートグリッドやスマートメーターなどのシステムが洗練され、より普及していくことでエネルギーの効率管理が可能となります。さらに、フレキシブルな太陽光パネルなど、再生可能エネルギーの面でも半導体技術が注目されています。

一方で、半導体の製造には大量の水が必要です。再処理によって水を再利用するなどの対策が検討されていますが、高度な浄水技術が必要であり、経済的な課題もあります。また、半導体および半導体が組み込まれた機器の廃棄も大きな問題となっています。

索引

あ

か

さ

た

な

は

ま

ら

わ

英数字

企業索引

監修者紹介

大幸秀成（だいこう ひであき）

1982年愛媛大学電気工学科卒業、同年東芝（当時東京芝浦電気）入社。汎用半導体の技術マーケティングに長年就き、商品企画、製品開発、海外メーカーとのアライアンス、国際標準化、販売プロモーションなどを手掛ける。後に、新規市場開拓プロジェクトリーダーを務める。現在は、顧客・パートナー会社とのコラボレーション活動を推進。半導体エバンジェリストとして講演やYouTubeに多数出演。

著者紹介

大内孝子（おおうち たかこ）

フリーライター / エディター。主に技術系の書籍を中心に企画・編集に携わる。2013年よりフリーランス。技術と人、社会とのかかわりについて大きな興味があり、その視点から記事を執筆。また、IT技術・トピックから、デバイス、ツールキット、デジタルファブ関連等の書籍の企画編集を行う。著書に『ハッカソンの作り方』（BNN新社）、編著に『オウンドメディアの作り方』（BNN新社）、『エンジニアのためのデザイン思考入門』（翔泳社）、企画編集として『+Gainer』（オーム社）、『融けるデザイン』（BNN）、『人工知能のための哲学塾』シリーズ（BNN）などがある。

大和哲（やまと さとし）

モバイル・インターネットセキュリティなどの分野を得意とする、兼業ライター。1968年東京生まれ。インプレス社が運営するウェブサイト『ケータイWatch』内で「ケータイ用語の基礎知識」など連載中。

STAFF

カバーデザイン／喜來詩織（エントツ）
本文デザイン／松崎知子
DTP／株式会社ディ・トランスポート
本文イラスト／高柳浩太郎
編集協力／株式会社エディポック

ビジネス教養として
知っておくべき半導体

2024年6月 6 日　初版第1刷発行
2024年6月27日　初版第2刷発行

監修者　大幸秀成
著　者　大内孝子、大和哲
発行人　片柳秀夫
編集人　平松裕子
発行　　ソシム株式会社
https://www.socym.co.jp/
〒101-0064　東京都千代田区神田猿楽町1-5-15 猿楽町ＳＳビル
TEL：(03) 5217-2400（代表）
FAX：(03) 5217-2420
印刷・製本　株式会社暁印刷

定価はカバーに表示してあります。
落丁・乱丁本は弊社編集部までお送りください。送料弊社負担にてお取替えいたします。
ISBN978-4-8026-1452-8